Kock, Stefan

Chancen und Risiken von Brick&Click: Multi-Channel-Marketing im Bekleidungseinzelhandel

IGEL Verlag

Kock, Stefan

Chancen und Risiken von Brick&Click:

Multi-Channel-Marketing im Bekleidungseinzelhandel

Auflage 2010 | ISBN: 978-3-86815-280-7

Die Deutsche Nationalbibliothek verzeichnet diesen Titel in der Deutschen Nationalbibliografie. Bibliografische Daten sind unter http://dnb.d-nb.de verfügbar.

Für meine Mutter

IGEL Verlag

Inhaltsverzeichnis

Abbildungsverzeichnis III

Tabellenverzeichnis III

Abkürzungsverzeichnis IV

1 Einleitung 6

2 Begriffliche Grundlagen 9

2.1 Grundlagen der Distributionspolitik 9

2.2 Handel und Handelsformen 10

3 Veränderte Rahmenbedingungen als zentrale Herausforderungen für den Einzelhandel 13

3.1 Neue Technologien als Antriebsfaktor 13

3.1.1 Das Internet als neues Massenmedium 14

3.1.2 E-Business und E-Commerce im Handel 16

3.1.3 Online-Handel als elektronischer Versandhandel 20

3.2 Entwicklungen im Konsumentenverhalten 23

3.2.1 Multioptionales Kaufverhalten 23

3.2.2 Das Streben nach Convenience 24

3.2.3 Channel-Hopping bei Konsumenten 25

4 Multi-Channel-Marketing als Unternehmensstrategie 27

4.1 Definition 27

4.2 Bedeutung und Ziele von Multi-Channel-Marketing 30

4.3 Chancen und Risiken von Multi-Channel-Marketing 32

4.4 Erscheinungsformen von Multi-Channel-Marketing 35

5 Brick&Click-Marketing als Erscheinungsform des Multi-Channel-Marketing 37

5.1 Definition 37

5.2 Die Absatzkanäle beim Brick&Click - Marketing 39

5.2.1 Stationärer Handel 39

5.2.2 Online-Handel 41

5.3 Wechselwirkungen zwischen den Kanälen 46

5.4 Der Wert des zusätzlichen Online-Kanals für das Unternehmen 49

5.5 Die Situation etablierter stationärer Händler 50

6 Chancen und Risiken von Brick&Click im Bekleidungseinzelhandel 53

6.1 Der Bekleidungseinzelhandel 53

6.2 Aktuelle Situation im Bekleidungseinzelhandel 54

6.3 Besonderheiten des Handels mit Bekleidung 58

6.4 Nutzung von Internet und E-Commerce im Bekleidungs-einzelhandel 60

6.4.1 Nutzung des Internets in der Kommunikationspolitik 60

6.4.2 E-Commerce und Bekleidung 61

6.5 Brick&Click - Marketing im Bekleidungseinzelhandel 64

6.5.1 Bisherige Verbreitung und Anwendung von Brick&Click 64

6.5.2 Chancen und Risiken für den stationären Modehandel 66
6.5.3 Das Beispiel *H&M* 73
7 Schlussbetrachtung **77**
7.1 Zusammenfassung der Ergebnisse 77
7.2 Fazit und Ausblick 79
Anhang **82**
Literaturverzeichnis **85**

Abbildungsverzeichnis

Abbildung 1: Stärken-/Schwächen-Raster ausgewählter Marketing-Kanäle 10
Abbildung 2: Kontaktprinzipien im Einzelhandel 11
Abbildung 3: Thematische Schwerpunkte der Online-Nutzer, 15
Abbildung 4: Online-Käufer in Deutschland 16
Abbildung 5: Grundbegriffe des E-Business 17
Abbildung 6: Umsatz im B2C E-Commerce 1999 – 2008 18
Abbildung 7: Nutzung von verschiedenen Kanälen beim Channel-Hopping 25
Abbildung 8: Bestandteile einer integrierten Multi-Channel-Strategie 31
Abbildung 9: Wechselwirkungen zwischen den Kanälen beim Brick&Click-Marketing 49
Abbildung 10: Integration der Potenziale von stationärem Handel und Online-Handel 51
Abbildung 11: Umsatzentwicklung von Textilien und Bekleidung im gesamten deutschen Einzelhandel 55
Abbildung 12: Die umsatzstärksten Produktkategorien im Internet 62
Abbildung 13: Online-Vertrieb in Einzelhandelsbranche 63

Tabellenverzeichnis

Tabelle 1: Relative Attraktivität der Kanäle ,Geschäft und Online-Shop 46
Tabelle 2: Brick&Click-Unternehmen im deutschen Bekleidungseinzelhandel 65

Abkürzungsverzeichnis

B2B	Business-to-Business
B2C	Business-to-Consumer
B&C	Brick&Click (-Marketing)
BEH	Bekleidungseinzelhandel
CRM	Customer Relationship Management
DOB	Damenoberbekleidung
H&M	Hennes & Mauritz
HAKA	Herrenbekleidung
KIKO	Kinder- und Säuglingsbekleidung
KMU	kleine und mittelständische Unternehmen
MCM	Multi-Channel-Marketing
TEH	Textileinzelhandel
WWW	World Wide Web

„Ich bin der schlechteste Verkäufer der Welt - darum muss ich es den Kunden einfach machen, bei mir zu kaufen."

Frank W. Woolworth (1852-1919), amerikanischer Kaufhausgründer

1 Einleitung

Der deutsche *Bekleidungseinzelhandel* befindet sich momentan in einer schwierigen Lage: sinkende Umsätze und billige, branchenfremde Discounter sorgen für einen verschärften Kampf um die Konsumenten auf dem Modemarkt. Auch das *Konsumentenverhalten* verändert sich: der moderne Kunde möchte immer häufiger selbst bestimmen, wo, wann und wie er sich über Produkte informiert und diese kauft. Gewinner ist hier, wer die Kunden auf lange Sicht an sein Unternehmen binden kann.[1] Jedoch zielen die aktuellen Handelsstrategien meist mehr auf Kostenreduzierung ab als auf Kundengewinnungs- und Kundenbindungskonzepte.[2] Daher suchen Unternehmen nach neuen effektiven Strategien, um Kunden besser zu erreichen, mehr an das Unternehmen zu binden und so Marktanteile zu gewinnen. Eine solche Strategie ist das Anbieten mehrerer Absatzkanäle für den Kunden, das sog. *Multi-Channel-Marketing*.

> *„Die Transformation zum integrierten Multi-Channel-Retailer stellt die größte Herausforderung für die Handelsunternehmen der heutigen Zeit dar."*[3]

Derzeit findet im Handel eine starke Umstrukturierung der Vertriebs- und Verkaufssysteme statt.[4] Auslöser dieses Wandels ist vor allem die neue Technologie des *Internets*[5]. Durch das Internet hat das oft zitierte *„wheel of retailing"*[6] eine neue Geschwindigkeit erlangt, bei der auch die Forschung kaum mitzuhalten scheint. Die Potentiale des Internets als Vertriebskanal sorgen auch für eine Umstrukturierung von Unternehmen und Märkten. Kaum eine Firma kommt heutzutage am Internet vorbei, ein Unternehmen ohne eigene Website gilt zudem als fast nicht marktfähig.[7]

---

1 Vgl. Swoboda/Janz (2001), S. 6.

2 Vgl. Krings (2002), S. 413. Die Strategie eines Unternehmens stellt im Allgemeinen einen langfristigen Zukunftsplan zur Erreichung von formulierten Zielen dar. Eine ausführliche Definition des Begriffes ‚Strategie' würde den Rahmen dieser Studie sprengen, siehe hierzu Armbruster Reif (2005), S. 112-120.

3 Bauer (2001), S. 62. ‚Retailing' ist der englische Begriff für den Einzelhandel. Dieser wird oft auch in der deutschen Forschung verwendet.

4 Vgl. Swoboda/Janz (2001), S. 14.

5 In dieser Studie wird für die Genitiv-Form des Begriffes ‚Internet' die Formulierung ‚des Internets' verwendet. Diese Form wird auch vom deutschen Duden unterstützt, da das Wort ‚Internet' mittlerweile keinen reinen Anglizismus mehr, sondern einen ‚eingedeutschten' Begriff darstellt.

6 Als ‚wheel of retailing' wird allgemein der ständige Prozess der Veränderung und Neuerung im Handel in Bezug auf Konsumentenverhalten und Betriebsformen bezeichnet, vgl. Grisar (1994), S. 24; Dach (2002), S. 28.

7 Vgl. Theis (2006), S. 26.

Besonders E-Commerce stellt eine viel versprechende neue Handlungsoption im Einzelhandel dar.[8]

> *„Wohl noch nie zuvor hat eine technologische Veränderung das Management der Handelsbetriebe so herausgefordert wie das Internet."*[9]

Mittlerweile hat das Internet eine feste Position im Wirtschaftsbereich eingenommen, dies vor allem im Handel.[10] Auch für Bekleidung etabliert sich das Internet zunehmend als bedeutender Absatzkanal, vorrangig betrieben von ursprünglich stationären Einzelhändlern im Rahmen ihrer Multi-Channel-Strategie.[11]

Eine Erscheinungsform dieser Multi-Channel-Strategien ist die Kombination von stationärem Handel mit dem modernen Online-Handel, auch Brick&Click-Marketing genannt. So verfügt heutzutage schon ein Großteil der Unternehmen neben dem stationären Handel über einen Online-Absatzkanal.[12] In der Bekleidungsbranche steht jedoch der Handel übers Internet erst am Anfang seiner Entwicklung.

Aufgrund der wachsenden Online-Umsätze im Einzelhandel und der damit zunehmenden Bedeutung des Internets als Absatzkanal, scheint auch für den stationären Bekleidungseinzelhandel die Partizipation am Online-Handel *„keine Frage des ‚Ob?', sondern ausschließlich eine Frage des ‚Wie?'"*[13] zu sein. Die Integration des Internets als zusätzlichen Absatzkanal und damit die Aufstellung als Brick&Click-Unternehmen stellt hier eine Strategieoption dar. Im August 2007 hat das Unternehmen *H&M*, einer der größten Bekleidungseinzelhändler Deutschlands, den Schritt ins Internet gewagt und sich so, wie bereits einige andere große und kleine Einzelhändler auch, als Brick&Click-Unternehmen aufgestellt.

Multi-Channel-Marketing nimmt in der aktuellen akademischen und praxisorientierten Auseinandersetzung einen hohen Rang ein.[14] Es gibt mittlerweile zahlreiche Publikationen, die sich mit dem Thema Multi-Channel-Marketing beschäftigen. Jedoch mangelt es noch an Studien, die sich mit der *Verbreitung der verschiedenen Erscheinungsformen* von Multi-Channel-Marketing innerhalb der einzelnen Branchen beschäftigen.[15] Branchenstudien gibt es vor allem aus den Bereichen der Finanzdienstleistungs-

---

8 Vgl. Swoboda/Janz (2002), S. 302.

9 Müller-Hagedorn (2000), S. 13.

10 Vgl. Armbruster Reif (2005), S. 1-6; Hudetz/Hans/Tanaskovic (2005), S. 69.

11 Vgl. ifo Institut für Wirtschaftsforschung (2007), S. 2.

12 Vgl. Bachem (2004), S. 29.

13 Schnetkamp (2001), S. 39.

14 Vgl. Hansen/Madlberger (2007), S. 784; Förster/Kreuz (2007).

15 Vgl. Müller-Lankenau (2007), S. 73.

branche sowie der Lebensmittelbranche. Bisher existieren jedoch keine Studien, die sich mit dem Multi-Channel-Marketing innerhalb der Bekleidungsbranche beschäftigen. Auch gibt es wenig konkrete Ergebnisse darüber, ob und inwiefern Bekleidung sich für den Verkauf übers Internet eignet.

Über die einzelnen *betrieblichen Erscheinungsformen des Multi-Channel-Marketing* gibt es bisher kaum wissenschaftliche Arbeiten. Daher soll diese theoretische Studie den Ansatz leisten, ein spezifisches Modell des Multi-Channel-Marketing im Einzelhandel, das sog. Brick&Click-Marketing, genauer unter die Lupe zu nehmen, um so die Forschungslücke in diesem Bereich zu füllen sowie Ansätze aufzuzeigen für weitere Analysen der einzelnen Geschäftsmodelle[16] innerhalb des Multi-Channel-Marketing.

Die Zusammenführung von zwei oder mehr Vertriebswegen zu einem Multi-Channel-Vertriebssystem bietet zum einen *Chancen*, zum anderen aber auch *Risiken*. Daher sollte die Entscheidung für solch ein Geschäftsmodell überlegt und strategisch geplant sein. Welche Vorteile, aber auch Gefahren die *Kombination von stationärem Handel und Online-Handel* mit sich bringen kann, wird anhand dieser Studie erläutert. Am Beispiel der *Bekleidungsbranche* werden Chancen und Risiken des Brick&Click-Modells für den stationären Einzelhandel aufgezeigt und erläutert werden.

Um das Thema Brick&Click-Marketing im Bekleidungseinzelhandel hinreichend fachübergreifend darzustellen, werden in dieser Studie traditionelle Ansätze der Betriebswirtschaftslehre mit denen der Wirtschaftsinformatik verbunden.

Die Studie richtet sich vor allem an stationäre Händler der Bekleidungsbranche, die überlegen, das Internet als zusätzlichen Absatzkanal einzuführen. Des Weiteren stellt diese Studie wertvolle Lektüre für Studenten und andere Leser dar, die sich mit dem Thema Multi-Channel-Marketing im Handel befassen und mehr über die einzelnen Erscheinungsformen des Multi-Channel-Marketing erfahren möchten.

---

[16] Zur Definition des Begriffes ‚Geschäftsmodell' siehe Rentmeister/Klein (2003), S. 17-30.

2 Begriffliche Grundlagen

2.1 Grundlagen der Distributionspolitik

Die Distributionspolitik ist ein Teilbereich des Marketing. Gegenstand der Distributionspolitik ist der Absatzweg, der auch als Absatzkanal oder Vertriebskanal bezeichnet wird.[17] Den Schwerpunkt der Distributionspolitik bildet das Management des Absatzkanals.[18]

Absatzkanal

Als **Absatzkanal** oder **Vertriebskanal** wird die Abfolge von Institutionen bezeichnet, die eine Ware oder Dienstleistung auf dem Weg zum Verbraucher durchläuft.[19] Im Falle des Einzelhandels besteht der Absatzkanal aus den produzierenden Herstellern oder Lieferanten sowie dem Einzelhändler, der das Produkt direkt an den Endverbraucher übergibt bzw. weiterleitet. Im Falle der Weiterleitung an ein Transportunternehmen, das den Endtransport zum Kunden übernimmt, wird von *Absatzmittlern* gesprochen (z.B. Paketdienste wie *Hermes*, *UPS*). Oft wird auch die **Einkaufsstätte,** in der der Kunde mit dem Unternehmen in Kontakt tritt, als Absatzkanal bezeichnet, da diese den Anfangspunkt einer jeden geschäftlichen Transaktion darstellt und somit synonym für den Kanal als Gesamtes steht. Im Englischen wird für einen Absatzkanal die Bezeichnung ‚distribution channel' oder als Kurzform lediglich ‚channel' verwendet.[20] Verfügt ein Unternehmen über mehrere Absatzkanäle, so wird dies als ‚Multi-Channel' (Multi = lat.; viele) bezeichnet.

Marketing-Kanal

Die Bezeichnung ‚Marketing-Kanal' stellt einen Oberbegriff für Kommunikations- und Vertriebskanäle innerhalb eines Unternehmens dar. **Vertriebskanäle sind immer auch gleichzeitig Kommunikationskanäle,** andersherum ist aber nicht jeder Kommunikationskanal auch ein Vertriebskanal.[21]

Marketing-Kanäle können aus medialen (Internet) oder institutionellen Kanälen (Geschäft) bestehen und können in folgende drei Funktionsgebiete untergliedert werden: als *Ansprachekanal* (Pre-Sales), *Vertriebskanal* (Sales) und *Servicekanal* (After-Sales).[22] Oftmals erfüllt dabei derselbe

---

17 Vgl. Ahlert (1996), S. 26.
18 Vgl. Ahlert (1996), S. 139ff.
19 Vgl. Zentes (1996), S. 6.
20 Vgl. Solomon/Marshall/Stuart (2006), S. 459ff.
21 Vgl. Link/Kramm (2007), S. 557; Müller-Lankenau (2007), S. 17.
22 Vgl. Bachem (2004), S. 31.

Kanal alle drei dieser Funktionen, andererseits kann dies auch kanalübergreifend passieren. Abbildung 1 zeigt verschiedene Marketing-Kanäle und deren Stärken bzw. Schwächen in den jeweiligen Bereichen.

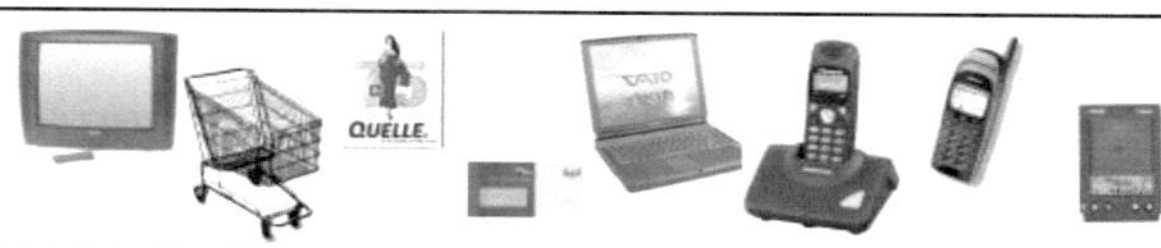

Kanalfunktion / Kanal	TV	Filiale	Katalog	Brief / Fax	WWW	Call Center	Mobiltelefon	PDA
Ansprache	●	◑	◕	◑	◕	◔	◑	○
Vertrieb	○	●	◕	◑	◕	◑	◑	○
Service	○	◕	○	◔	◕	◑	◑	◑

Abbildung 1: Stärken-/Schwächen-Raster ausgewählter Marketing-Kanäle, Quelle: Bachem (2004), S. 48.

Transaktionskosten

Als Transaktionskosten gelten alle Anbahnungs-, Vereinbarungs-, Kontroll- und Anpassungskosten, die für den Kunden im Rahmen einer Geschäftsanbahnung und Geschäftsbeziehung entstehen. Transaktionskosten können psychische Kosten, Zeitkosten oder auch monetäre Kosten beinhalten.[23]

2.2 Handel und Handelsformen

Handel lässt sich sowohl in einem **institutionellen Sinn** als auch in einem **funktionellen Sinn** verstehen: während mit Handel im institutionellen Sinn die Handelsbetriebe selber gemeint sind (Handel als Institution), wird Handel im funktionellen Sinn definiert als die Beschaffung und Weiterveräußerung von Gütern (meist) ohne Be- oder Verarbeitung an Endverbraucher (Handel als Tätigkeit). Als Handelsunternehmen gelten dabei Unternehmen, die den Großteil ihres Umsatzes durch Handel generieren.[24]

Der Handel als Institution zeichnet sich durch eine Vielzahl an existierenden Betriebstypen aus. Betriebs- sowie Vertriebstypen oder Vertriebsformen stellen Kategorien von Verkaufsstätten der Handelsunternehmen dar.[25] Als **Betriebstypen** bzw. –formen gelten z.B. alle Kanäle des statio-

[23] Vgl. Link/Kramm (2007), S. 565.

[24] Vgl. Müller-Hagedorn (1998), S. 16ff.

[25] Vgl. Schramm-Klein (2003a), S. 8; Müller-Lankenau (2007), S. 10f.

nären Handels wie das Fachgeschäft oder der Supermarkt. **Vertriebstypen** dagegen unterscheiden sich in der Art des Vertriebs, hier wird z.B. zwischen dem Residenzhandel (z.B. stationäres Fachgeschäft) und dem Distanzhandel (z.B. Versandkatalog) unterschieden.[26]

> *„Anhand der Wahl der Betriebs- und Vertriebstypen bestimmt ein Handelsunternehmen (...) seine Struktur, sein Leistungsspektrum und seinen Marktauftritt. Es handelt sich also um marketingstrategische Grundsatzentscheidungen."*[27]

Der Handel kann zusätzlich nach Zielgruppen unterschieden werden in den **Großhandel** (Handel zwischen Unternehmen) und den **Einzelhandel** (Handel zwischen Unternehmen und Endverbrauchern).[28] Der Einzelhandel wiederum kann nach dem Merkmal des **Kontaktprinzips** (Ort des Handels) in folgende Teile untergliedert werden: stationärer Handel (Geschäft), ambulanter Handel (Haustürverkauf), halbstationärer Handel (Wochenmarkt) und Distanz- bzw. Versandhandel (Katalog, Online-Shop).[29] Beim Distanzhandel wird auch vom ‚Bring-Prinzip' gesprochen, während der stationäre Handel das ‚Hol-Prinzip' für den Kunden darstellt. Abbildung 2 veranschaulicht zusammenfassend die verschiedenen Handelsformen als Kontaktprinzipien zwischen Anbieter und Nachfrager im Einzelhandel.

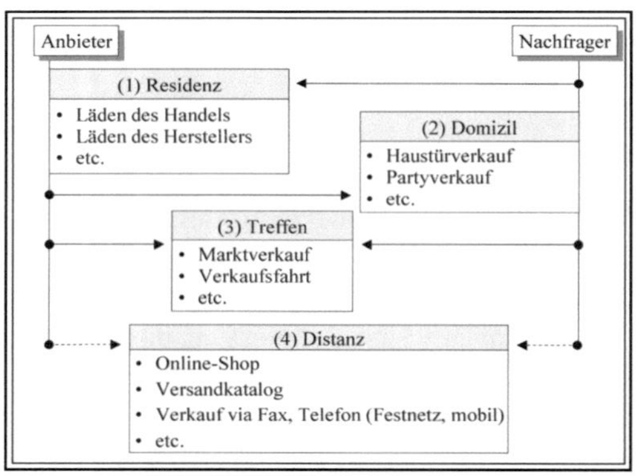

Abbildung 2: Kontaktprinzipien im Einzelhandel, Quelle: Schröder (2005), S. 10.

---

[26] Vgl. Tietz (1993), S. 29-35. DACH verwendet statt des Begriffes ‚Vertriebstyp' die Bezeichnung ‚Meta-Betriebsform', vgl. Dach (2002), S. 9ff.

[27] Schramm-Klein (2003a), S. 8.

[28] Vgl. Schenk (2001), S. 16.

[29] Vgl. Schröder (2005), S. 9.

Gleichzeitig kann der Einzelhandel nach der Art der verkauften Produkte in unterschiedliche Branchen untergliedert werden. So ist der Textileinzelhandel ein Teilbereich des Einzelhandels, der sich mit dem Verkauf von textilen Waren wie Bekleidung und Schuhen beschäftigt.

3 Veränderte Rahmenbedingungen als zentrale Herausforderungen für den Einzelhandel

Märkte sind einem ständigen Wandel unterworfen, der sich in veränderten Rahmenbedingungen widerspiegelt. Dabei üben Entwicklungen im Umfeld, wie z.B. der Prozess der Globalisierung oder neue Technologien, direkt und indirekt Einfluss auf Handelsunternehmen aus. Die Rahmenbedingungen eines Unternehmens können in interne sowie externe Rahmenbedingungen unterschieden werden. **Interne Rahmenbedingungen** können Bedingungen innerhalb einer Firma darstellen, wie z.B. die Unternehmenskultur oder die technische Infrastruktur. **Externe Rahmenbedingungen** sind Umweltbedingungen wie politische, wirtschaftliche, sozio-kulturelle Entwicklungen oder neue Technologien (PEST-Modell[30]).

Neben anderen gesellschaftlichen und wirtschaftlichen Faktoren gelten insbesondere die *Entwicklungen der Informations- und Kommunikationstechnologien* im Technologiebereich sowie die *Veränderungen des Konsumentenverhaltens* im sozio-kulturellen Bereich als zentrale Katalysatoren für die Entwicklung von *Multi-Channel-Marketing*.[31]

3.1 Neue Technologien als Antriebsfaktor

Neue Technologien sind oft Auslöser von wirtschaftlichen und gesellschaftlichen Veränderungsprozessen. Seit dem Einzug des Personal Computers (PC) in Firmen und Haushalte kann eine zunehmende Computerisierung und Digitalisierung aller Lebensbereiche beobachtet werden.[32] Die Entwicklungen in der Informations- und Kommunikationstechnologie, allen voran das Internet, sorgen für ein verändertes Informations- und Kommunikationsverhalten der Konsumenten sowie auch für neue Geschäftsmodelle in der Wirtschaft.

---

30 Das **PEST**-Modell gliedert die externen Rahmenbedingungen eines Unternehmens in **p**olitische, wirtschaftliche (**e**conomical), **s**ozio-kulturelle sowie **t**echnologische Einflussfaktoren. Es kann auch als **PESTLE**-Modell um **l**egale und ökologische (**e**cological) Faktoren erweitert werden. Zu den Rahmenbedingungen des Handels siehe auch Liebmann/Zentes (2001), S. 93ff.

31 Vgl. Schramm-Klein (2003a), S. 1; Müller-Lankenau (2007), S. 45; von der Oelsnitz (2007), S. 325; Lemke/Sander (2007), S. 372. Der Begriff des Multi-Channel-Marketing wird später noch in dieser Studie erläutert.

32 Vgl. Armbruster Reif (2005), S. 24.

3.1.1 Das Internet als neues Massenmedium

Der Begriff **Internet**[33] bezeichnet die weltweite Verbindung von Computernetzen.[34] Entwickelt wurde es im Jahre 1969 als *ARPA-Net* an amerikanischen Hochschulen. Erst viele Jahre später wurde 1993 mit dem ersten *Browser ‚Mosaic'* das Internet auch für die Öffentlichkeit zugänglich gemacht.[35]

Im Laufe der Jahre hat sich das Internet vom reinen Informationsmedium zum Kommunikationsmedium und mittlerweile auch Transaktionsmedium entwickelt.[36] Neben den USA und anderen westlichen Industriestaaten ist auch in Deutschland das Internet zu einem *Massenmedium* geworden.[37] Mehr als 60 % der Deutschen ab zehn Jahren nutzen das Internet, ca. 56 % der Internetnutzer sind täglich oder fast täglich online.[38] Zu beobachten ist eine zunehmende Nutzung des Internets in allen wirtschaftlichen und gesellschaftlichen Bereichen.[39]

Private Kommunikation ist dabei immer noch der häufigste Nutzungsgrund für das Internet. Abbildung 3 zeigt die thematischen Schwerpunkte der privaten Internet-Nutzung. Dennoch spielt das Internet heutzutage auch bei der *Verkaufsanbahnung* eine zentrale Rolle, da immer mehr Kunden sich vor einem Kauf im Internet über Unternehmen und Produkte informieren.[40] Aufgrund seiner hohen Diffusion und schnellen Verbreitung wächst die Bedeutung des Internets für die Information des Konsumenten. Auch der stationäre Handel ist von dieser Entwicklung betroffen.[41] Die Nutzung der richtigen Technologie wird daher in der nahen Zukunft auch für stationäre Händler einen nicht zu unterschätzenden Wettbewerbsfaktor darstellen.[42]

---

33 Der Begriff ‚Internet' wird in dieser Studie als Sammelbegriff für alle Medien des Internets wie das World Wide Web (WWW), E-Mail, FTP, IRC verwendet. Als synonym für den Begriff ‚Internet' wird teils auch das Wort ‚Online' im weiteren Verlauf verwendet. Zur Definition des Begriffes Medium und des WWW siehe Faulstich (2004), S. 13ff. und S. 433-453.

34 Vgl. Ahlert (2001), S. 12.

35 Vgl. Armbruster Reif (2005), S. 1. Ein *Browser* stellt eine Navigationssoftware für das Internet dar.

36 Vgl. van Baal (2006a), S. 135.

37 Vgl. Güttler (2001), S. 1; Burgard (2006), S. 45.

38 Vgl. Statistisches Bundesamt (2007).

39 Vgl. Bauer/Falk/Reder (2007), S. 151.

40 Vgl. Hudetz/Hans/Tanaskovic (2005), S. 17.

41 Vgl. Müller-Lankenau (2007), S. 60.

42 Vgl. KPMG (2001), S. 22.

Obwohl die Nutzung des Internets beim Konsumenten bisher hauptsächlich zu kommunikativen Zwecken erfolgt, wird auch das Einkaufen im Internet (Online-Shopping, siehe Abb. 3) immer beliebter. Daher nimmt aufgrund der kontinuierlich steigenden Zahl der Internetnutzer auch die Bedeutung des Internets als Absatzkanal zu.[43] Online-Shopping entwickelt sich zunehmend zur normalen und beliebten Aktivität von Internet-Nutzern (siehe Abbildung 3).

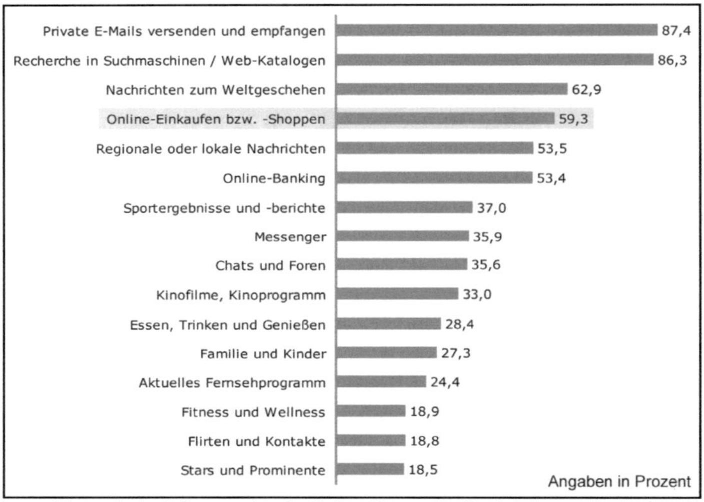

Abbildung 3: Thematische Schwerpunkte der Online-Nutzer, Quelle: Arbeitsgemeinschaft Online Forschung (AGOF) e.V. (2007), S. 15.

Durch die gestiegene Nutzung des Internets hat auch das Online-Shopping in den letzten Jahren ein konstantes Wachstum erfahren. Abbildung 4 zeigt die Anzahl der Menschen in Deutschland, die in den vergangenen Jahren im Internet Waren bestellt haben. Wie aus der Abbildung ersichtlich wird, haben 2006 mehr als 27 Mio. Konsumenten im Internet eingekauft. Ausgehend von einer deutschen Gesamtbevölkerung von ca. 82 Mio. Menschen hat statistisch gesehen jeder dritte Deutsche schon einmal Waren im Internet bestellt. Online-Shopper zeichnen sich dabei oft durch ein überdurchschnittliches Einkommen sowie eine überdurchschnittliche Bildung aus.[44]

[43] Vgl. Henschel (2005), S. 131.

[44] Vgl. Schnetkamp (2001), S. 32.

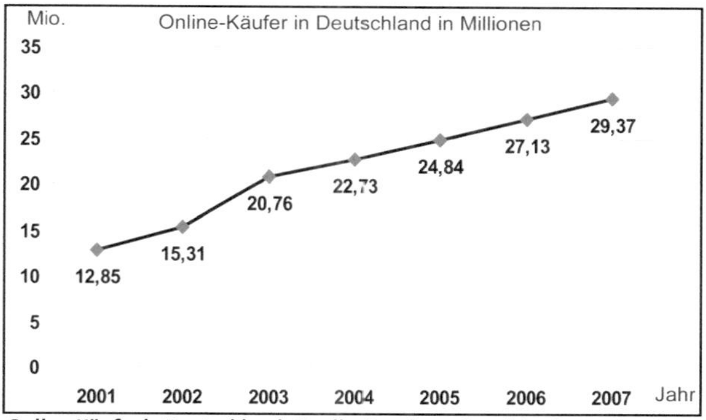

Abbildung 4: Online-Käufer in Deutschland, Quelle: Bundesverband des Deutschen Versandhandels e.V. (2007a), S. 6.

3.1.2 E-Business und E-Commerce im Handel

Die Internetnutzung ist neben der Anwendung in den großen Firmen auch bei KMU inzwischen zur Selbstverständlichkeit geworden.[45] Fast jedes Unternehmen im Handel verfügt heute über einen Internetanschluss.[46] Bisher wird das Internet aber immer noch vorwiegend als Informations- und Kommunikationsmedium genutzt.[47] Viele Firmen digitalisieren dabei ihre Geschäftsprozesse und betreiben so E-Business.

E-Business (Electronic Business) stellt einen Oberbegriff für die elektronisch gestalteten Geschäftsbeziehungen in der Wirtschaft dar. E-Business kann definiert werden als elektronische Ausführung des Geschäftsverkehrs mithilfe von Informations- und Kommunikationstechnologien (IuK-Technologien).[48] Der Begriff E-Business umfasst sowohl den Einsatz der neuen IuK-Technologien auf der Einkaufsseite (elektronische Beschaffung) als auch auf der Verkaufsseite (Elektronischer Handel). Auch das *Intranet*, ein lokales Netzwerk von Rechnern innerhalb einer Firma oder mehreren verbundenen Firmen, wird zum E-Business gezählt.

Mit elektronischer Beschaffung (**Electronic Procurement**[49]; E-Procurement) wird die Durchführung von Beschaffungsprozessen im Business-to-Business-Bereich über das Internet bezeichnet. Elektronische

---

45 Vgl. Hudetz/Duscha (2006), S. 11.

46 Einer Studie des Instituts ECC Handel aus dem Jahre 2004 zufolge verfügen ca. 97,8 % der Handelsunternehmen über einen Zugang zum Internet, vgl. Hudetz/Hans/Tanaskovic (2005), S. 26.

47 Vgl. Hudetz/Hans/Tanaskovic (2005), S. 29.

48 Vgl. Burgard (2006), S. 47.

49 Vgl. Hudetz/Duscha (2006), S. 10. Oft wird für E-Procurement aus Anbietersicht auch der Begriff B2B-E-Commerce verwendet.

Beschaffung kann vor allem zu einer Beschleunigung der Beschaffungsprozesse, zu einer Reduktion der Beschaffungskosten und zu einer Erhöhung der Beschaffungsqualität führen. Diese Ziele können dabei insb. über die Automatisierung der Prozesse, die engere Anbindung an Lieferanten, die Erhöhung der Produktauswahl und die Koordinierung der Beschaffung erreicht werden. Das Management dieser Prozesse wird auch als *Supply Chain Management* bezeichnet.[50]

Der Handel im Internet stellt auch einen Teilbereich des E-Business dar und wird als E-Commerce bezeichnet. **Electronic Commerce (E-Commerce)** bezeichnet allgemein alle Formen der Abwicklung und Unterstützung elektronischer Transaktionen über vernetzte digitale Systeme (Netzwerke) und kann insofern als elektronisch realisierte Anbahnung, Aushandlung und Abwicklung von Geschäftsprozessen zwischen Anbieter und Kunden verstanden werden.[51] Von E-Commerce wird gesprochen, wenn Waren oder Dienstleistungen von einem Unternehmen im Internet angeboten werden und Endkunden diese auf elektronischem Wege erwerben können. Dabei können die Waren in physischer (z.B. Bekleidung) als auch digitaler Form (z.B. Musikdateien) vorliegen. Das Internet übernimmt beim E-Commerce die Funktion eines Informations- und Kontaktmediums, die für den Handel notwendige Warenübertragung (Distribution) erfolgt mit Ausnahme von digitalisierbaren Gütern wie Musik oder Software auf herkömmlichen Transportwegen, also nicht-elektronisch.[52] E-Commerce kann als Instrument eines *Customer Relationship Managements (CRM)* bezeichnet werden, dessen Ziel eine langfristige Bindung des Kunden an das Unternehmen ist. Abbildung 5 veranschaulicht zusammenfassend die bisher in diesem Kapitel genannten verschiedenen Begriffe und Bereiche.

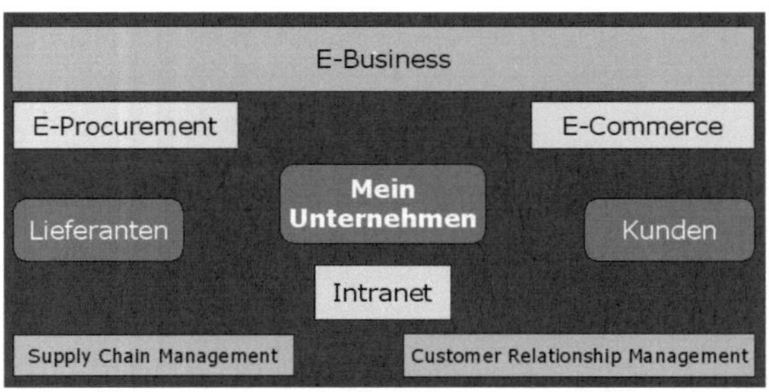

Abbildung 5: Grundbegriffe des E-Business, Quelle: Röll, M. (2003): Einführung in E-Business. Online im Internet, URL: http://www.roell.net/materialien/ebusiness-teilbereiche.png, Stand: 30.03.08.

---

50 Vgl. Solomon/Marshall/Stuart (2006), S. 459.

51 Vgl. Gerth (1998), S. 109.

52 Vgl. Schenk (2001), S. 10.

Weiter untergliedert werden kann E-Commerce nach verschiedenen Nutzergruppen, erwähnenswert sind hier die beiden umsatzstärksten Bereiche *Business-to-Business* (**B2B**) und *Business-to-Consumer* (**B2C**). B2B bezeichnet die Transaktionen zwischen Anbietern (Unternehmen) untereinander, B2C dagegen die Transaktionen zwischen Anbieter und Endkunden.[53] Des Weiteren gibt es noch C2C-Märkte (*Consumer-to-Consumer*) wie *eBay*. Mittlerweile ist *eBay* aber auch im B2C-Markt aktiv und bietet Händlern eine Plattform für ihre Produkte. Die vorliegende Studie beschränkt sich allerdings ausschließlich auf den Einzelhandel und behandelt somit als Thema nur den B2C-Markt.

E-Commerce wird im Deutschen oft als ‚elektronischer Handel' bezeichnet.[54] Auch Begriffe wie ‚Online-Handel' oder ‚Internet-Handel' werden als Synonym für den Begriff E-Commerce verwendet. Immer mehr Handelsunternehmen entscheiden sich für eine Nutzung des Internets als Absatzkanal. E-Commerce entwickelt sich daher zurzeit zum wichtigsten Kanal neben dem stationären Handel.[55] Der Online-Handel mit Waren wird für 2007 auf insgesamt 10,9 Mrd. Euro Umsatz geschätzt, dies bedeutet eine Umsatzsteigerung von 9 % im Vergleich zum Vorjahr.[56] Der gesamte Umsatz im E-Commerce (inkl. Dienstleistungen, Nutzungsrechten, kostenpflichtigen Downloads) wird vom *Hauptverband des Deutschen Einzelhandels (HDE)* für 2008 auf 20 Mrd. Euro geschätzt.

Abbildung 6 zeigt die Umsatzentwicklungen im E-Commerce in Deutschland in den letzten Jahren.

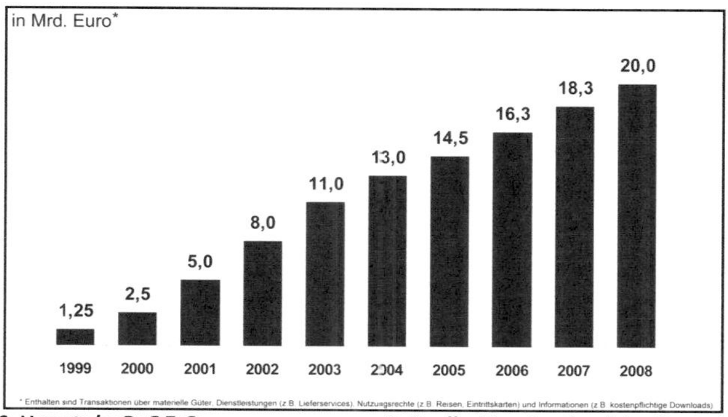

Abbildung 6: Umsatz im B2C E-Commerce 1999 – 2008, Quelle: Hauptverband des Deutschen Einzelhandels (HDE) (2007).

53 Vgl. Henschel (2005), S. 126ff.

54 Vgl. Armbruster Reif (2005), S. 16.

55 Vgl. Schwaiger/Numberger (2007), S. 247.

56 Vgl. Bundesverband des Deutschen Versandhandels e.V. (2007a), S. 2.

Der Anteil des Online-Handels am Gesamteinzelhandelsumsatz betrug 2006 laut *Hauptverband des Deutschen Einzelhandels (HDE)* ca. 3,0 %.[57] Viele Prognosen deuten darauf hin, dass zukünftig ein bedeutender Anteil des Einzelhandelsumsatzes online generiert werden wird.[58] Auch werden sich die Umsätze im Internet-Shopping mit der weiter zunehmenden Verbreitung von Breitband-Internet (z.B. DSL[59]) nach Einschätzung von Experten weiter erhöhen.[60]

Mit dem Internet als Absatzkanal ist auch eine Reduktion der Markteintrittskosten und -barrieren zu beobachten, die auch zur Entstehung neuer Akteure, sog. ‚Pure Players'[61], führt und zusätzlich eine Rekonfiguration der Branche begünstigt. Zudem bringt die Diffusion des Internets auch eine **Disintermediation**[62] mit sich, da viele Hersteller aufgrund günstiger Markteinstiegssituation das Internet als Direktvertriebskanal nutzen und so *Intermediäre* ausschalten können. Viele Hersteller benutzen daher E-Commerce, um einen Direktvertrieb an den Konsumenten herzustellen und übergehen so die Stufe des Handels.[63] Diese Art von Disintermediation birgt häufig ein großes Konfliktpotential für die beteiligten Parteien. Auch bilden sich mit dem sog. Prozess der **Intermediation** auf elektronischen Märkten[64] *Preisvergleichsagenten* und andere Web-Portale als neue Akteure heraus, die eine neue Zwischenstufe darstellen.[65] Sowohl eine Disintermediation als auch eine Intermediation kann Rationalisierungspotentiale innerhalb der Wertschöpfungskette von Unternehmen erzeugen.[66]

Ein Ziel des Einsatzes von E-Commerce vor allem im traditionellen Handel ist es, die Kunden *„auch über das an Bedeutung zunehmende und im Alltag immer stärker verankerte Medium Internet zu erreichen und mit adäquaten*

---

57 Vgl. Bundesverband des Deutschen Textileinzelhandels e.V. (2007), S. 31.

58 Vgl. Dach (2002), S. 1.

59 Die Abkürzung ‚DSL' steht für ‚Digital Subscriber Line' und bezeichnet eine schnelle Internet-Verbindung.

60 Vgl. Wirtz/Sammerl (2006), S. 438.

61 ‚Pure Players' sind Unternehmen, die als Absatzkanal ausschließlich das Internet verwenden, vgl. van Baal/Heidjann/Schrader (2005), S. 241.

62 Unter *Disintermediation* bzw. *Intermediation* versteht man eine Verkürzung bzw. Verlängerung der Wertschöpfungskette (Supply Chain) von Unternehmen.

63 Vgl. Ahlert (2001), S. 22f.

64 Vgl. Burgard (2006), S. 70.

65 Vgl. Schramm-Klein (2003a), S. 35. Ein Preisvergleichsagent im Internet ist z.B. *www.billiger.de*.

66 Vgl. Burgard (2006), S. 80.

Maßnahmen anzusprechen"[67]. Der Kunde soll über den Stationärhandel (begrenzte Öffnungszeiten) hinausgehend erreicht werden.[68]

Obwohl sich das Internet seit einigen Jahren schon fest in der Gesellschaft etabliert hat, steht die Internet-Nutzung im Einzelhandel erst am Anfang ihrer Entwicklung.[69] Von manchen Einzelhändlern wird der Handel im Internet dabei als Bedrohung wahrgenommen, viele sehen E-Commerce aber auch als Chance.[70]

Durch die Technologien des Internets entstehen neue Möglichkeiten, mit den Kunden in Kontakt zu treten. Mit E-Commerce kann der ‚profitable Stammkunde' eines Unternehmens viel leichter geortet werden, der im stationären Handel aufgrund fehlender Daten (durch die meist anonyme Barzahlung oder generell fehlender Kundendatenanalysen) oft unerkannt bleibt.[71] Das Internet macht zudem eine direkte Zweiwege-Kommunikation mit den Kunden möglich (One-to-One-Marketing[72]), die bisher auch im klassischen Versandhandel nicht möglich war.[73]

3.1.3 Online-Handel als elektronischer Versandhandel

Der Online-Handel mit Waren stellt im Allgemeinen eine Erscheinungsform des Versandhandels (Distanzhandels) dar.[74] Der Versandhandel kann als Marktbearbeitungssystem verstanden werden, das dem Absatz von Produkten auf Distanz dient.[75] Es wird daher auch der Begriff Distanzhandel verwendet. Der Versandhandel unterscheidet sich vom stationären Handel durch drei Charakteristika:[76]

- Verkauf von Produkten erfolgt auf Distanz
- Versandhandel ist durch Medialität (Katalog, Online-Shop) geprägt
- Bestellte Produkte werden an den Kunden ausgeliefert bzw. an ihn gesendet

---

67 Wilke/Duscha/Hudetz (2005), S. 103.

68 Vgl. Engberding/Wastl (2003), S. 149.

69 Vgl. Müller-Lankenau (2007), S. 286.

70 Vgl. Güttler (2001), S. 1.

71 Vgl. Schnetkamp (2001), S. 44.

72 Als One-to-One-Marketing bezeichnet man die direkte Kommunikation mit dem Empfänger mithilfe von digitaler Technologie wie z.B. des Internets.

73 Vgl. Schramm-Klein (2003a), S. 35.

74 Vgl. Armbruster Reif (2005), S. 92; Wirtz/Sammerl (2006), S. 434; Burgard (2006), S. 45.

75 Vgl. Wirtz/Sammerl (2006), S. 427.

76 Vgl. Wirtz/Sammerl (2006), S. 428.

Der Versandhandel wird nach seiner Sortimentszusammenstellung in den Universalversand (z.B. *Quelle*), den Fachversand (z.B. Elektronik-Händler) sowie den Spezialversand (z.B. Reitbedarf) eingeteilt.

Laut einer Studie von TNS-Infratest im Auftrag des *bvh* (Bundesverband des Deutschen Versandhandels e.V.) verzeichnet der Versandhandel in den letzten Jahren entgegen dem rückläufigen Trend im Handel ein Umsatzplus.[77] Auch der Anteil des Versandhandels am gesamten Einzelhandelsumsatz steigt prozentual: im Jahre 2006 betrug der Versandhandelsumsatz 26,3 Mrd. Euro, dies entspricht einem Anteil von ca. 6,8 % des gesamten Einzelhandelumsatzes im gleichen Jahr. 2003 lag dieser Anteil noch bei 6,0 %. Für 2007 soll laut Prognose der Anteil auf 7,0 % (geschätzte 27,6 Mrd. Euro) steigen.[78] Dieses Wachstum fällt relativ gering aus, kann jedoch im Vergleich zu den allgemein rückläufigen Umsatzzahlen des restlichen Einzelhandels als positiv bewertet werden. Speziell auch im Online-Handel kann der Versandhandel Umsatzgewinne verzeichnen.[79]

Den meisten Umsatz im Versandhandel erwirtschafteten laut der Studie die Multi-Channel-Versender: zwei Drittel des Gesamtumsatzes entfielen auf sie. Definiert werden Multi-Channel-Versender in der genannten Studie als Unternehmen, die als Absatzkanäle den Katalog sowie einen Online-Shop (z.B. *Quelle-Versand*) einsetzen. Andere Kombinationen von Kanälen wurden hier nicht zur Kategorie ‚Multi-Channel'-Versender gezählt.[80] Versender, die ihre Heimat im stationären Handel haben, machten 2,4 % (672 Mio. Euro) des Gesamtumsatzes aus, die Hersteller-Versender kamen auf 1,8 % (504 Mio. Euro). Das Umsatzwachstum betrug dabei für die stationären Versender 29 % im Vergleich zum Vorjahr (521 Mio. Euro), die Umsätze der Multi-Channel-Versender dagegen stagnierten (leichter Rückgang um 0,5 %). Die Hersteller-Versender kamen sogar auf ein Umsatzwachstum von 104,8 % zum Vorjahr (246 Mio. Euro).[81]

Insgesamt zählen 52,4 Mio. Deutsche zu den Versandhandelskunden. Pro Kopf werden im Jahr 335 Euro für Waren im Versandhandel ausgegeben. Der größte Umsatz im Versandhandel wird mit Bekleidung, Textilien und

---

77 Vgl. Bundesverband des Deutschen Versandhandels e.V. (2007b), S. 2.

78 Vgl. ebd., S. 12.

79 Vgl. ebd., S. 21.

80 Der Begriff ‚Multi-Channel-Marketing' wird später noch genauer in dieser Studie definiert.

81 Vgl. Bundesverband des Deutschen Versandhandels e.V. (2007b), S. 14.

Schuhen gemacht. Auf diese Warengruppe fallen 41 % (12,4 Mrd. Euro) des gesamten Versandhandelsumsatzes.[82]

Als Distributionskanäle werden im Versandhandel sowohl sog. *Offline-Kanäle* (Katalog) sowie *Online-Kanäle* (Internet, auch TV, Telefon) verwendet. Der Trend zur Onlinebestellung im Versandhandel nimmt zu, die meisten Bestellungen werden heute schon über das Internet aufgegeben (48 %), gefolgt vom Telefon (39 %).[83] Das Internet ist aus Unternehmenssicht aufgrund der weitgehenden Automatisierung die kostengünstigste Bestellform, da so Personaleinsatz reduziert werden kann.[84]

Der Katalog ist nach wie vor ein wichtiges Medium des Versandhandels. Dennoch sind Produktion und Versand von Katalogen mit erheblichen Kosten verbunden.[85] Zudem eignet sich ein gedruckter Katalog nicht als Service-Instrument.[86] Auch aktuelle Marktbearbeitungsmaßnahmen (z.B. Preissetzung) können im Katalogversand nicht so flexibel angepasst werden wie im stationären Handel oder im Online-Handel.[87] Dazu kommen Streuverluste und oft ein Mangel an Aktualität, da Druck und Versand des Kataloges immer auch Zeit beanspruchen. Nicht jeder Trend kann so aufgegriffen und angeboten werden.[88]

Elektronische Produktkataloge (auch ‚Online-Kataloge' genannt) stellen heutzutage oft ein flexibleres Pendant zu den traditionellen Papierkatalogen dar.[89] Abgesehen von den fehlenden haptischen und besonderen medialen Eigenschaften (für den Katalog ist kein Zugangsmedium nötig wie beim Online-Shop der Computer) kann E-Commerce als neuer *„elektronischer Versandhandel mit den (...) betriebswirtschaftlichen Vorteilen des elektronischen Kontaktmediums"*[90] angesehen werden. DACH geht davon aus, das der Online-Handel den Distanzhandel per Katalog weitgehend substituieren und dementsprechend die Bedeutung des gedruckten Katalogs deutlich sinken wird.[91]

---

82 Vgl. Bundesverband des Deutschen Versandhandels e.V. (2007a), S. 17.
83 Vgl. Bundesverband des Deutschen Versandhandels e.V. (2007c).
84 Vgl. Wirtz/Sammerl (2006), S. 433.
85 Vgl. Wirtz/Sammerl (2006), S. 432.
86 Vgl. Burgard (2006), S. 97.
87 Vgl. Schröder (2005), S. 33.
88 Vgl. Schenk (2001), S. 25.
89 Vgl. Güttler (2001), S. 33. Elektronische Produktkataloge können online ‚durchgeblättert' werden.
90 Schenk (2001), S. 34.
91 Vgl. Dach (1999), S. 108ff.; Siehe auch Ward (2001), S. 103ff.

3.2 Entwicklungen im Konsumentenverhalten

> *„Der moderne Kunde ist selbstbewusst, individuell, heterogen, flexibel, mobil, von Informationen überflutet, von Angeboten übersättigt, hat wenig Zeit und ist darauf bedacht, sein Leben einfacher und auch abwechslungsreicher zu gestalten."*[92]

Neben den technologischen Innovationen sorgt auch eine Veränderung der Konsumpräferenzen und Einkaufsgewohnheiten für einen Strukturwandel im Handel.[93] Dieser Wandel hat sich durch die Entwicklung des Internets sowie des E-Commerce erheblich beschleunigt.[94] Im Folgenden werden einige der wichtigsten Trends im Konsumentenverhalten aufgeführt und erläutert.

3.2.1 Multioptionales Kaufverhalten

Beim ‚multioptionalen Kaufverhalten'[95] entscheiden sich Konsumenten je nach Einkaufsanlass oder Einkaufssituation für unterschiedliche Angebote, Händler oder Kanäle.[96] Ein multioptionaler Konsument orientiert sich an unterschiedlichen Trends und Wertvorstellungen zugleich, sein Verhalten ist über die Zeit hinweg instabil und divergent. Oft wird auch von *hybriden Kunden*[97] geredet, wobei eine Hybridität auch als Zwischenstufe zwischen konsistentem und multioptionalem Verhalten angesehen werden kann.[98]

Bei einer **Multioptionalität** (*„interpersonal mehrdimensionales Verhalten"*[99]) von Konsumenten können sich innerhalb derselben Warengruppe Such- und Impulskäufe unmittelbar mit Zielkäufen abwechseln, Präferenzen der Kunden können sogar abhängig von der Tageszeit wechseln. Ein Beispiel ist der tägliche Nahrungsmittelbedarf: während morgens noch ein gesundes Frühstück genossen wird, folgt in der Mittagszeit aufgrund von Zeitmangel und *Convenience* ein Fast-Food-Snack, und abends belohnt der Konsument sich mit ein paar Kollegen mit einem Essen in einem 3-Sterne-Restaurant. In diesem Beispiel für multioptionales Konsumen-

---

92 Wilhelm/Zich (2007), S. 719.
93 Vgl. Wirtz/Lütje (2007), S. 178.
94 Vgl. Lewis/Bridger (2001), S. 37.
95 Vgl. Link/Kramm (2007), S. 557; Müller-Lankenau (2007), S. 47; Wilhelm/Zich (2007), S. 719.
96 Vgl. Müller-Lankenau (2007), S. 48.
97 Vgl. Bachem (2004), S. 37.
98 Vgl. Schramm-Klein (2003a), S. 39.
99 Schramm-Klein (2003a), S. 39.

tenverhalten sind bei einem Kunden innerhalb eines Konsumfeldes drei verschiedene Anforderungen und Nutzungsweisen zu finden.[100]

3.2.2 Das Streben nach Convenience

Die Einfachheit und Bequemlichkeit eines Einkaufes stellt heutzutage ein immer wichtiger werdendes Motiv der Konsumenten für oder gegen einen Einkauf dar.[101] Da die Grenzen von Arbeitswelt und Freizeit heutzutage immer mehr verschwimmen, steigt das Bedürfnis nach flexiblen Angeboten und effizienter Zeitnutzung ebenso wie die Möglichkeit der Nutzung innovativer Techniken (Internet u.a.).[102] Faktoren wie *Zeit*, *Aufmerksamkeit* und *Vertrauen* gelten daher als knappe Ressourcen beim ‚neuen' Konsumenten. Dies wiederum fördert den Trend für die Suche des Konsumenten nach bequemen und zeitsparenden Einkaufsmöglichkeiten.[103] In der Fachliteratur wird für die Faktoren *Einfachheit und Bequemlichkeit* beim Einkauf oft der Begriff **Convenience**[104] verwendet. Convenience-Faktoren sind z.B. eine Erreichbarkeit des Unternehmens rund um die Uhr, eine zielgerichtete Informationsbereitstellung oder auch eine zeitsparende Bestellmöglichkeit.[105]

Die zunehmende *Convenience-Orientierung* teilt sich in zwei Arten auf: zum einen ist dies das Streben des Konsumenten nach geringer Einkaufsbelastung, zum anderen nach Möglichkeiten des zeitlich flexiblen Einkaufs.[106] Als Beispiel dieses Trends gelten auch die aus den USA kommenden ‚Convenience-Stores', die extra auf dieses Kundenbestreben ausgelegt sind.[107] Vor allem das Internet stellt für Konsumenten, denen Convenience beim Einkauf wichtig ist, eine bequeme und zeitsparende Möglichkeit des Einkaufs dar.[108] Aufgrund der zunehmenden Convenience-Orientierung bei vielen Konsumenten wird in der Zukunft von einem stärkeren Anteil an Absatzwegen nach dem ‚Bring-Prinzip' (z.B. Online-Shopping) ausgegangen.[109]

---

100 Vgl. Krings (2002), S. 414.
101 Vgl. Armbruster Reif (2005), S. 102; Lingenfelder/Schulze (2007), S. 741.
102 Vgl. Krings (2002), S. 414.
103 Vgl. Lewis/Bridger (2001), S. 21 u. 88; Zur Definition des Begriffes ‚Vertrauen' siehe Armbruster Reif (2005), S. 64-67.
104 Vgl. Dach (2002), S. 140; Müller-Lankenau (2007), S. 46.
105 Vgl. Burgard (2006), S. 40f. sowie S. 80; Dach (2002), S. 140ff.
106 Vgl. Lingenfelder/Schulze (2007), S. 741.
107 Vgl. Dach (2002), S. 35f.
108 Vgl. Dach (2002), S. 142 u. 250.
109 Vgl. Ahlert/Blut/Michaelis (2007), S. 277.

3.2.3 Channel-Hopping bei Konsumenten

Channel-Hopping[110] bezeichnet einen *„kundenseitigen Kanalwechsel innerhalb einzelner Transaktionen"*[111]. Dieser Prozess ermöglicht dem Kunden ein vielfältigeres Einkaufserlebnis und eine alternative Informationssuche. Auch das sog. *Smart-Shopping*, die Nutzung mehrerer Informationskanäle, um den besten ‚Deal' herauszufinden, kann als Variante des Channel-Hopping gesehen werden.[112] Channel-Hopping stellt nach MÜLLER-LANKENAU eine spezielle Form des **Variety Seeking** dar, einer Wechselneigung des modernen Konsumenten, die einen Nutzen im Wechsel selbst darstellt.[113] So gibt es einerseits Kunden, die ausschließlich immer denselben Kanal für den gesamten Kaufprozess nutzen. Andererseits gibt es immer mehr Kunden, die entweder den Kanal aufgrund von situativen Bedingungen wechseln oder aber ihre Aktivitäten (Informationssuche, Kauf) auf mehrere Kanäle verteilen.[114] Viele Kunden wollen sich nicht nur auf einen Kanal zur Kommunikation und Interaktion mit Unternehmen beschränken.[115] Insbesondere die *Kombination von Offline- und Online-Kanälen* wird von Konsumenten immer häufiger gefordert.[116] Die kombinierte Nutzung mehrerer Absatzkanäle im Rahmen des Einkaufsprozesses wird oft auch als *Cross-Channel-Verhalten* bezeichnet. Abbildung 7 zeigt beispielhaft, wie die verschiedenen Kanäle eines Unternehmens bei einem Channel-Hopping vom Konsumenten genutzt werden.

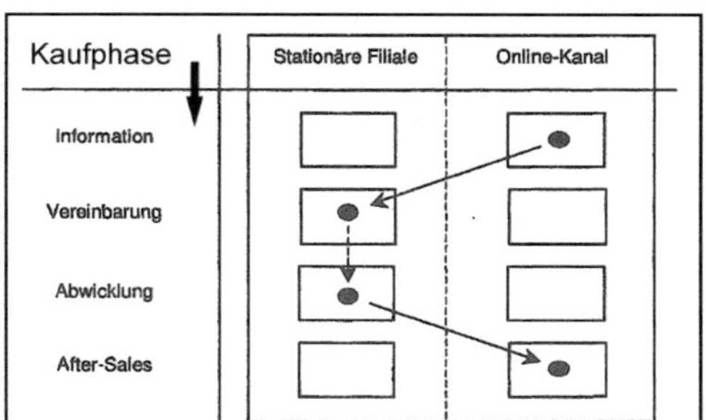

Abbildung 7: Nutzung von verschiedenen Kanälen beim Channel-Hopping, Quelle: Armbruster Reif (2005), S. 109.

---

110 Vgl. Bachem (2004), S. 37; Müller-Lankenau (2007), S. 47.
111 Müller-Lankenau (2007), S. 47.
112 Vgl. Armbruster Reif (2005), S.108; Müller-Lankenau (2007), S. 47f.
113 Vgl. Müller-Lankenau (2007), S. 47.
114 Vgl. Schröder/Zaharia (2007), S. 85.
115 Vgl. Wilhelm/Zich (2007), S. 719.
116 Vgl. Ahlert (2004), S. 4.

Cross-Channel-Shopper sind oft besonders attraktive Kunden, die meist mehr Geld ausgeben als andere Kunden.[117] Konsumenten, die unterschiedliche Vertriebskanäle benutzen, geben laut Studien bis zu 50 % mehr aus und besuchen etwa 70 % häufiger den stationären Handel als der herkömmliche Konsument. Zudem geben Konsumenten, die sowohl stationär als auch online einkaufen, im Durchschnitt mehr Geld im Jahr aus als der typische Kunde im stationären Handel.[118]

Kunden der neueren Generation legen mehr Wert auf Convenience, Service und Vertrauen. Diese Kunden fordern ein *„nahtloses Kauferlebnis über alle Kanäle hinweg"*[119], bei dem sie selber wählen können, welchen Kanal sie zur Informationsbeschaffung, zum Kauf sowie zur Reklamation nutzen.[120] Das sich verändernde Verhalten der Kunden hat wiederum Einfluss auf Entscheidungen in Unternehmen, deren Bemühungen darauf gerichtet sind, sich möglichst kundenorientiert aufzustellen und gegebenenfalls Strategien am veränderten Kundenverhalten auszurichten.[121] Aktuelle Kundenbedürfnisse müssen von Unternehmen berücksichtigt und aufgegriffen werden, um Kunden langfristig an sich zu binden und so Wettbewerbsvorteile zu erzielen. Als Reaktion auf das veränderte Konsumentenverhalten und die Entwicklungen im technologischen Umfeld gehen daher viele Unternehmen dazu über, mehrere Absatzkanäle im Rahmen eines *Multi-Channel-Marketing* einzusetzen.[122]

---

117 Vgl. Armbruster Reif (2005), S. 145.

118 Vgl. Enberding/Wastl (2003), S. 139.

119 Füllemann (2002), S. 331.

120 Vgl. Füllemann (2002), S. 331.

121 Vgl. Trommsdorff/Herm (2006), S. 19f.

122 Vgl. Schramm-Klein (2003a), S. 32; Billen/Weiber (2007), S. 46f.

4 Multi-Channel-Marketing als Unternehmensstrategie

„Im Rahmen des Einsatzes von Instrumenten des Nicht-Preis-Wettbewerbs kann der Einsatz eines kundengerechten und innovativen Absatzkanalportfolios eine zentrale Rolle im Rahmen der Differenzierung gegenüber der Konkurrenz einnehmen."[123]

4.1 Definition

Multi-Channel-Marketing (MCM) bezeichnet im Allgemeinen den gleichzeitigen Einsatz mehrerer Marketing-Kanäle eines Unternehmens.[124]

Vorrangig geht es in der wissenschaftlichen Diskussion um den Einsatz mehrerer **Absatzkanäle** eines Unternehmens, dennoch stellen diese immer gleichzeitig **auch Kommunikationskanäle** dar.[125]

Der Begriff des Multi-Channel-Marketing wird in der Literatur relativ inflationär verwendet.[126] In der wissenschaftlichen Literatur gibt es keine einheitliche Begriffswahl für Mehrkanalsysteme, neben dem Begriff **Multi-Channel-Marketing**[127] werden teilweise auch andere Begriffe verwendet wie z.B. ‚Multikanal-Marketingsysteme'[128],Multi-Channel-Distribution'[129] oder ‚Multi-Kanalstrategien'[130]. Auch in der Definition unterscheiden sich viele Ansätze. Gemein ist aber fast allen Definitionsversuchen der parallele Einsatz mehrerer Absatzkanäle als notwendige Bedingung für das Vorliegen eines Multi-Channel-Marketing.[131]

Bei der Anzahl der Absatzkanäle eines MCM gibt es keine einheitliche Definition, bereits bei der Existenz von zwei Absatzwegen kann aber von einem Multi-Channel-Marketing gesprochen werden.[132] Darüber hinaus bedeutet ein Absatz über mehrere Absatzkanäle noch kein Multi-Channel-Marketing, vielmehr gelten zusätzlich ein wesentlicher Sortimentszusammenhang und eine Integration der einzelnen Kanäle zu einem Gesamtsystem als Mindestanforderungen für ein ‚echtes' Multi-Channel-

---

123 Schramm-Klein (2003a), S. 32.
124 Vgl. Burmann/Wenske (2007), S. 196.
125 Siehe Punkt 2.1 auf S. 5 dieser Studie.
126 Vgl. van Baal/Hudetz (2005), S. 137.
127 Vgl. Hurth (2001); Bachem (2004); Wirtz (2007).
128 Vgl. Kotler/Bliemel (2006), S. 1111ff.
129 Vgl. Schramm-Klein (2003a), S. 16.
130 Vgl. Müller-Lankenau (2007); Ahlert/Blut/Michaelis (2007), S. 275.
131 Zu einer genaueren Übersicht der Definitionsansätze vgl. Schramm-Klein (2003a), S. 16ff. sowie Schramm-Klein (2006), S. 504.
132 Vgl. Hurth (2001), S. 463; Wirtz (2002), S. 676.

Marketing.[133] Die aktive Planung, Organisation und Kontrolle der verschiedenen Kanäle beim Multi-Channel-Marketing wird auch *Multi-Channel-Management* genannt.[134]

Zum Teil wird für Mehrkanalsysteme innerhalb der Distribution von Handelsunternehmen im Speziellen auch der Begriff des *Multi-Channel-Retailing* verwendet.[135] Häufig werden die Begriffe Multi-Channel-Marketing und Multi-Channel-Retailing jedoch synonym verwendet.

Die einzelnen Kanäle müssen beim MCM nicht zwingend konzeptionell unterschiedlich sein (z.B. Supermarkt und Kaufhaus), jedoch gehen eng gefasste Definitionen von unterschiedlichen Vertriebstypen (z.B. stationärer Handel und Versandhandel) aus.[136] Oft wird der Begriff ‚Multi-Channel-Marketing' auch speziell als Synonym für den kombinierten Vertrieb über das Internet und den traditionellen Handel verwendet.[137] In dieser Studie wird jedoch auf die Definition von BURMANN/WENSKE zurückgegriffen und Multi-Channel-Marketing folgendermaßen definiert:

> *„Multi-Channel-Marketing kennzeichnet den parallelen, integrierten und koordinierten Einsatz verschiedener Ansprache-, Vertriebs- und Servicekanäle.“*[138]

Diese Definition schließt Marketingformen aus, bei denen die Kanäle nicht integriert eingesetzt werden. Der Literatur einiger Autoren folgend werden nicht-integrierte Formen daher als *‚Multiple-Channel-Marketing'* bezeichnet und nicht weiter in dieser Studie behandelt.[139]

Bei einem Multi-Channel-Händler kann der Kunde eines Unternehmens zwischen verschiedenen Kanälen wählen, um mit diesem in Kontakt zu treten. Ein Kanal kann z.B. eine Filiale, ein Katalog oder auch ein Online-Shop sein.[140]

---

133 Vgl. Hurth (2001), S. 469; Schramm-Klein (2003a), S. 21; Theis (2006), S. 8 und 27f.

134 Vgl. van Baal/Hudetz (2005), S. 140f.

135 Vgl. Schramm-Klein (2003a); Schröder (2005); Hansen/Madlberger (2007), S. 765ff.

136 Vgl. Schramm-Klein (2003a), S. 18.

137 Vgl. Müller-Lankenau (2007), S. 2.

138 Burmann/Wenske (2007), S. 198.

139 Einige Autoren sehen eine *Differenzierung der Absatzkanäle* nicht als Strategieoption innerhalb eines MCM an, sondern definieren grundsätzlich eine *integrierte Strategie* als Voraussetzung für das Vorliegen eines MCM-Systems, vgl. hierzu Burmann/Wenske (2007), S. 198; Ahlert/Blut/Michaelis (2007), S. 275. Nicht-integrierte Strategien werden hier im Gegensatz zu Multi-Channel-Strategien als *‚Multiple-Channel'-Strategien* bezeichnet und abgegrenzt.

140 Vgl. Schröder/Zaharia (2007), S. 84.

Die Zahl der Unternehmen, die nur über einen Absatzkanal verfügen, nimmt stetig ab,[141] Mehrkanalsysteme scheinen sich daher einer zunehmenden Beliebtheit zu erfreuen.[142] Unternehmen, die Multi-Channel-Marketing betreiben sind z.B. *Karstadt*, *Quelle*, *Neckermann* oder der *Otto-Versand*. Dieser ist der zweitgrößte E-Commerce-Händler in Deutschland nach *Amazon*, sein Schwerpunkt liegt auf Textilien und Bekleidung.[143] Fast alle traditionellen Versandhändler haben mittlerweile das Internet adaptiert und sich so als Multi-Channel-Händler aufgestellt.[144] Multi-Channel-Marketing setzt nicht das Internet als Absatzkanal voraus, jedoch wird von zunehmend mehr Unternehmen das Internet aufgrund dessen großer Potentiale im Rahmen einer Multi-Channel-Strategie eingesetzt.[145]

Unternehmen, die Mehrkanalsysteme der Distribution einsetzen, werden allgemein als ‚Multi-Channel-Unternehmen' bezeichnet. Dennoch werden oft nur solche Unternehmen darunter verstanden, die über die drei Kanäle **Geschäft** (stationärer Handel), **Versandkatalog** und **Online-Shop** (Online-Handel) verfügen. Stationäre Einzelhändler, die zusätzlich einen Online-Shop betreiben, werden so nicht als Multi-Channel-Unternehmen behandelt, obwohl diese auch mehrere Kanäle (zwei) parallel einsetzen. Die Kombination der drei Kanäle *Geschäft*, *Katalog* und *Online-Shop* gilt insofern allgemein als Standard-Definition für ein Multi-Channel-Unternehmen.[146]

Dennoch betreiben auch Unternehmen mit *zwei* Absatzkanälen Multi-Channel-Marketing.[147]

---

141 Vgl. Schramm-Klein (2003a), S. 42.

142 Vgl. Billen/Weiber (2007), S. 45.

143 Vgl. Engberding/Wastl (2003), S. 144.

144 Vgl. Burgard (2006), S. 72.

145 Vgl. Wirtz/Sammerl (2006), S. 435.

146 Vgl. Bauer (2001), S. 54.

147 Auch Vertriebs-Systeme mit zwei Absatzkanälen werden unter dem Begriff ‚Multi-Channel' subsumiert, vgl. hierzu van Baal/Hudetz (2005), S. 140.

4.2 Bedeutung und Ziele von Multi-Channel-Marketing

Dem Strategiemodell von PORTER[148] folgend kann Multi-Channel-Marketing allgemein als Differenzierungsstrategie bezeichnet werden.[149] Es stellt eine Strategie dar, die dem veränderten Konsumentenverhalten Rechnung trägt.[150]

Durch das Anbieten gleich mehrerer Kontaktpunkte[151], in Form von stationären Geschäften oder einer virtuellen Webseite, versuchen Unternehmen unter anderem auf verschiedene Kauf- und Bedürfnissituationen zu reagieren und dabei den Kunden ‚näher' zu kommen. Letztlich soll so der ‚*Share of Customer*'[152] erhöht, d.h. eine höhere Durchdringung der gesamten Lebenssphäre der Verbraucher mit den Produkten des Unternehmens erreicht werden.[153]

Die Wahl der Betriebs- und Vertriebstypen einer Unternehmung ist Aufgabe der strategischen Planung und gehört somit ins Aufgabengebiet des oberen Managements von Unternehmen.[154] MCM kann dabei verstanden werden als eine kundenorientierte Leitidee für die Führung von Unternehmen, die mittels moderner Informations- und Kommunikationstechnologien versucht, auf lange Sicht profitable Kundenbeziehungen aufzubauen.[155] Oft wird MCM daher als Bestandteil eines *Customer Relationship Managements (CRM)* gesehen.[156] Ein MCM bedarf meist einer umfassenden Änderung der Unternehmensorganisation als Voraussetzung für die

---

148 Nach PORTER gibt es zwei grundsätzliche Stoßrichtungen, die ein Unternehmen verfolgen kann, um Wettbewerbsvorteile zu erzeugen: Wettbewerbsvorteile können entweder durch eine Kostenführerschaft (Vorteil durch geringere Kosten) oder durch ein überlegenes Leistungsangebot (Vorteil durch Differenzierung) erzielt werden. SCHRÖDER ist dagegen der Meinung, dass Mehrkanalsysteme in der Lage sind, dem Kunden Kosten- *und* Leistungsvorteile zu bieten, vgl. hierzu Porter (1999), S. 70-85 sowie Schröder (2005), S. 49ff.

149 Vgl. Barrenstein (1998), S. 114f.; Theis (2006), S. 22.

150 Vgl. Krings (2002), S. 414.

151 Kontaktpunkte für den Kunden werden auch ‚*Customer Touch Points*' genannt, vgl. Bruhn/Ahlers (2007), S. 393-425.

152 Vgl. Schramm-Klein (2003a), S. 2. Oft werden auch die Begriffe ‚*Share of Wallet*' oder ‚*Share of Life*' verwendet.

153 Vgl. Corbae/Balchandani (2001), S. 64.

154 Vgl. Schramm-Klein (2003a), S. 3.

155 Vgl. von der Oelsnitz (2007), S. 339.

156 Vgl. Weisenfeld (2007), S. 361. Aufgabe eines CRM ist die Gestaltung und Optimierung der langfristigen Kundenbeziehungen des Unternehmens. Siehe hierzu auch Punkt 3.1.2 auf S. 12 dieser Studie.

optimale und effiziente Ausrichtung am Markt.[157] Abbildung 8 veranschaulicht wichtige Bestandteile einer integrierten Multi-Channel-Strategie.

Abbildung 8: Bestandteile einer integrierten Multi-Channel-Strategie, Quelle: Eigene Darstellung, in Anlehnung an: Hurth (2002): Multi Channel-Marketing und E-Commerce – Zwischen Aktionismus und Mehrwert, in: Science Factory (absatzwirtschaft online), Ausg. 1/2002, S. 7.

MCM ist kein neues Handlungsfeld des Marketing, seit einigen Jahren schon wird z.B. in der Lebensmittel- oder Finanzdienstleistungsbranche auf mehrere Absatzkanäle beim Vertrieb zurückgegriffen.[158] Dennoch hat das Thema MCM durch die Etablierung des Internets als moderne Absatzkanal-Option neuen Schub erhalten.[159] Vielfach diskutiert wird unter anderem, ob ein Vertrieb übers Internet die Umsätze der bereits vorhandenen Kanäle kannibalisiert[160] oder ob es sich um einen Mehrumsatz handelt, der neben anderen positiven Faktoren eines Online-Auftrittes (z.B. modernes Image, bessere Information) zu einem Mehrwert für das Unternehmen führt.[161]

Die Ziele von MCM sind sehr vielfältig und oft von Unternehmen zu Unternehmen unterschiedlich. Nach SCHRÖDER können die bisher in der Literatur definierten Ziele in drei Kategorien gebündelt werden: **Neukundengewinnung/Kundenbindung, Profilierung** sowie **Effektivitäts- und Effizienzsteigerung**.[162] Letztendlich besteht das allgemeine Ziel von MCM darin, durch Einsatz mehrerer integrierter Absatzkanäle die Wirksamkeit von Marketingaktivitäten zu erhöhen und so komparative Wett-

---

157 Vgl. Krings (2002), S. 422.

158 Vgl. Schramm-Klein (2003a), S. 41.

159 Vgl. Swoboda/Janz (2001), S. 6.

160 Zur Klärung des Begriffes ‚Kannibalisierung' siehe Punkt 4.3 auf S. 28 dieser Studie.

161 Vgl. Schramm-Klein (2003a), S. 45; van Baal/Hudetz (2005), S. 153.

162 Vgl. Schröder (2005), S. 25ff. Siehe auch Schramm-Klein (2003b), S. 11.

bewerbsvorteile zu generieren, um mögliche Kundenpotenziale zu erschließen und auszuschöpfen.[163]

4.3 Chancen und Risiken von Multi-Channel-Marketing

Unabhängig von Branche und Marktsituation sind mit dem Vertrieb über mehrere Absatzkanäle beim Multi-Channel-Marketing sowohl Chancen als auch Risiken verbunden:[164]

<u>**Chancen**</u>

Markterweiterung

Durch den Einsatz von nur einem Absatzkanal erreicht ein Unternehmen nur einen gewissen Teil des Marktes. Durch die Hinzunahme eines oder mehrerer Absatzkanäle ist es möglich, andere Teilmärkte oder neue Kunden zu erreichen und so die gesamte Marktabdeckung zu erhöhen bzw. den eigenen Markt zu erweitern.[165] Vor allem das Internet ermöglicht durch seine ortsunabhängige Zugänglichkeit zumindest theoretisch eine globale Marktabdeckung.[166]

Erhöhter Kundennutzen

Kunden wollen selber bestimmen, wo und wann sie einkaufen. Mal wollen sie eine persönliche Beratung, mal eine schnelle, unkomplizierte Bestellung aufgeben. Mehrere Kanäle erhöhen daher die Chance, den unterschiedlichen Kundenbedürfnissen gerecht zu werden. Das Anbieten mehrerer Kanäle für den Kunden trägt zudem signifikant zu *höherer Kundenzufriedenheit* bei und erhöht damit auch die *Kundenbindung*.[167] Ein MCM entspricht dem Wunsch des Kunden nach größtmöglicher Informationsvielfalt, hoher Entscheidungsflexibilität und Kaufbequemlichkeit.[168]

Erlangung von zusätzlichen Kundendaten

Durch das Anbieten von mehreren Kanälen können für das Unternehmen, neben den Daten aus dem bestehenden Kanal, zusätzliche quantitative und qualitative Kundendaten in den neuen Kanälen generiert und ge-

---

163 Vgl. Schögel/Sauer/Schmidt (2004), S. 6.
164 Vgl. Schögel (2001), S. 13f.; Hansen/Madlberger (2007), S. 777.
165 Vgl. Weisenfeld (2007), S. 358.
166 Die theoretisch globale Marktabdeckung eines Online-Absatzkanals wird in der Praxis meist eingeschränkt durch Faktoren wie Sprachbarrieren, Währungsbarrieren oder zu hohen Lieferkosten bei ausländischen Kunden, vgl. hierzu Armbruster Reif (2005), S. 5.
167 Vgl. Ahlert/Blut/Michaelis (2007), S. 276.
168 Vgl. Berg (2007), S. 714.

sammelt werden.[169] Besonders die neuen digitalen Kanäle wie das Internet eignen sich sehr gut für eine optimale Kundendaten-Analyse und -Verwertung.

Umsatzsteigerung

Laut MÜLLER-LANKENAU geben Multi-Channel-Kunden meist mehr Geld aus als andere Kunden und sind oft weniger preissensibel.[170] Außerdem ist bei einem Mehrkanalvertrieb eine bessere Betreuung von Bestandskunden bei gleichzeitiger Reduzierung der Marketing- und Vertriebskosten möglich.[171]

Kosteneinsparungen durch Synergien[172]

Der Prozess der Distribution von Waren ist meist mit hohen Kosten verbunden. Durch eine gleichzeitige Distribution in mehreren Kanälen können **Synergien** zwischen den Kanälen entstehen und Einrichtungen (z.B. ein Zentrallager) gemeinsam genutzt werden, sodass Kosteneinsparungen auf Unternehmensseite möglich werden.

Die möglichen Synergieeffekte bei Mehrkanalsystemen können in *quantitative Synergieeffekte* (Kosteneffizienz, z.B. Skaleneffekte) sowie *qualitative Synergieeffekte* (z.B. Nutzung gemeinsamer Kundendatenbanken und EDV-Systeme) unterteilt werden.[173]

Risikoausgleich[174]

In jedem Absatzkanal können Abhängigkeiten von Kundengruppen oder anderen Faktoren bestehen. Bei mehreren Absatzkanälen ist eine Streuung dieses Risikos möglich.

Risiken

Konflikte zwischen den Absatzkanälen[175]

Innerhalb eines Multi-Channel-Systems können Spannungen zwischen den einzelnen Kanälen entstehen, etwa durch interne Konkurrenz der Kanäle oder Frustration der Mitarbeiter in den einzelnen Kanälen. Diese Konflikte können sich negativ auf den Unternehmenserfolg auswirken.

---

169 Vgl. Krings (2002), S. 421; Weisenfeld (2007), S. 358.
170 Vgl. Müller-Lankenau (2007), S. 61f.
171 Vgl. Hippner/Hoffmann/Wilde (2007), S. 581.
172 Vgl. Esch/Strödter (2007), S. 429; Weisenfeld (2007), S. 358; Zentes/Schramm-Klein (2007), S. 469f.
173 Vgl. Krings (2002), S. 419.
174 Vgl. Esch/Strödter (2007), S. 429.
175 Vgl. von der Oelsnitz (2007), S. 329ff.

Gefahr der Kannibalisierung[176]

Eine Kannibalisierung der Verkäufe entsteht durch die wechselseitige Beziehung der einzelnen Absatzkanäle, die sich gegenseitig in vielen Aspekten beeinflussen. Eine Kannibalisierung liegt vor, wenn *Substitutionseffekte* zwischen den Kanälen auftreten, d.h. wenn Käufe im einen Kanal Käufe im anderen Kanal nur ersetzen. Eine mögliche Kannibalisierung muss daher von jedem Unternehmen selber sorgfältig geprüft werden. Die Kannibalisierungswahrscheinlichkeit hängt vor allem von der Art der verkauften Produkte ab.[177]

Verwirrung der Kunden[178]

Durch uneinheitliche Preis- oder Leistungsgestaltung in den verschiedenen Kanälen können Kunden überfordert werden, indem sie nicht mehr identifizieren können, welcher Kanal ihnen den größeren Vorteil bietet. Außerdem ist es möglich, dass die Kunden die verschiedenen Kanäle nicht als ein Unternehmen wahrnehmen und den Eindruck von unterschiedlichen Firmen bekommen.[179]

Kontrollverlust[180]

Das Management von Mehrkanalsystemen im Einzelhandel ist durch besondere Komplexität und Dynamik gekennzeichnet.[181] Je mehr Distributionskanäle eingesetzt werden, desto komplexer wird die Steuerung und Koordination des gesamten Multikanal-Systems. Aufgrund der spezifischen Situation jedes einzelnen Kanals kann es bei schlechtem Management zu Kontrollverlusten kommen.

Konflikte mit Herstellern oder Lieferanten[182]

Wenn ein Hersteller oder Lieferant eines Produktes das Internet schon als Vertriebskanal nutzt und der Händler dies auch tun möchte, kann es zu Konflikten kommen. Ein neuer Absatzkanal sollte daher immer in Absprache mit Lieferanten und Herstellern eingeführt werden.

---

176 Vgl. Schramm-Klein (2003a), S. 336ff.; Engberding/Wastl (2003), S. 149; van Baal/Hudetz (2004), S. 7.

177 Die Kannibalisierungswahrscheinlichkeit ist bei standardisierten Gütern höher als bei nicht-standardisierten, siehe hierzu Punkt 5.3 auf S. 42 dieser Studie.

178 Vgl. Esch/Strödter (2007), S. 430.

179 Vgl. Lemke/Sander (2007), S. 384.

180 Vgl. Hansen/Madlberger (2007), S. 780.

181 Vgl. Schröder (2005), S. 14.

182 Vgl. Maschke/Pfeil/Posselt (2007), S. 517ff.

Suboptimierungen[183]

Jeder Absatzkanal hat seine Stärken und Schwächen, die es zu berücksichtigen gilt. Werden diese Unterschiede jedoch nicht berücksichtigt und es wird eine allgemeine Strategie verfolgt, entsteht die Gefahr der Nivellierung der Vorteile eines MCM-Systems. Daraus resultieren kann eine mögliche Suboptimierung der Absatzkanäle.

Kein Kundeninteresse

Letztlich ist die angestrebte Zielgruppe des neuen Absatzkanals auch ein potentieller Risikofaktor. Falls der neue Absatzkanal nicht von den Kunden angenommen wird, gehen keine positiven Effekte von diesem neuen Kanal aus. Ein von den Kunden nicht genutzter Absatzkanal ist überflüssig und muss daher früher oder später eingestellt werden.

4.4 Erscheinungsformen von Multi-Channel-Marketing

Beim Multi-Channel-Marketing sind aufgrund der heutigen Vielfalt an verschiedenen Betriebs- oder Vertriebstypen diverse Kombinationen der Absatzkanäle möglich. Die wichtigsten Erscheinungsformen des Multi-Channel-Marketing im Handelsbereich sind nach SCHRAMM-KLEIN folgende drei Alternativen der Kombination von Absatzkanälen:[184]

1. **‚Clicks and Mortar'** (entspricht *Brick&Click*): Kombination Internet-Shop mit stationären Geschäft(en) (z.B. *American Apparel, Esprit*)
2. **‚Clicks and Sheets'**: Kombination Internet-Shop mit traditionellem Versandhandel (z.B. *Baur, Neckermann*)
3. **‚Clicks, Bricks and Sheets'**: Kombination Internet-Shop mit stationären Geschäft(en) und traditionellem Versandhandel (z.B. *Sportscheck, Eddie Bauer*)

Auch andere Autoren betrachten die Vertriebstypen des stationären Handels, Kataloghandels und Online-Handels als dominant im Einzelhandel und verwenden diese drei Kategorien als Grundkategorien für eine Einordnung der Distributionssysteme.[185] Daraus folgt, dass Unternehmen, die bisher nur stationär aufgestellt waren, folgende Alternativen haben, ihr Absatzkanalportfolio zu erweitern:

---

183 Vgl. Hansen/Madlberger (2007), S. 780.

184 Vgl. Schramm-Klein (2003b), S. 11.

185 Vgl. Billen/Weiber (2007), S. 50; van Baal (2007a), S. 30.

- Kombination stationärer Handel + Online-Handel
- Kombination stationärer Handel + Katalog
- Kombination stationärer Handel + Online-Handel + Katalog

Für BACHEM sind die Kanäle Internet (WWW) und Geschäft (Filiale) die beiden stärksten Marketing-Kanäle. Er bewertet die verschiedenen Kanäle anhand der **Kanalfunktionen Ansprache, Vertrieb und Service**. Von allen Absatzkanälen stellt das Internet bei dieser Studie den Absatzkanal mit dem größten Potential dar, gefolgt vom stationären Geschäft.[186]

Aufgrund des hohen Potentials des Internets gewinnen vor allem Betriebsformen, die den stationären mit dem elektronischen Handel verbinden, zunehmend an Bedeutung.[187] Eine Strategie für stationäre Händler, die sich als Multi-Channel-Unternehmen aufstellen wollen, ist daher die Verknüpfung des existierenden stationären Kanals mit dem Online-Kanal. Diese Kombination wird auch als *Brick&Click-Marketing* bezeichnet und soll im folgenden Kapitel näher erläutert werden.

---

[186] Vgl. Bachem (2004), S. 48. Siehe auch Abbildung 1 auf S. 6 dieser Studie.

[187] Vgl. Henschel (2005), S. 138.

5 Brick&Click-Marketing als Erscheinungsform des Multi-Channel-Marketing

„Jedermann soll Karstadt überall und immer erreichen“[188]

5.1 Definition

Brick&Click-Marketing (oder kurz: Brick&Click[189]) stellt eine spezielle Erscheinungsform des Multi-Channel-Marketing dar, bei der die beiden Absatzkanäle *‚Geschäft'* und *‚Internet'* parallel eingesetzt werden.[190] Brick&Click-Marketing bezeichnet insofern eine Kombination der Handelsformen stationärer Handel (Residenzprinzip) und Online-Handel (Distanzprinzip). Diese Verbindung von Offline- (stationär) und Online-Kanälen (Internet) trägt vor allem dem veränderten Konsumentenverhalten Rechnung und kann als eine alternative Marktbearbeitungsstrategie (Wettbewerbsstrategie) gesehen werden.[191]

Marketing kann hier definiert werden als marktorientierte Unternehmensführung, bei der durch *Planung*, *Koordination* und *Kontrolle* aller Unternehmensaktivitäten eine dauerhafte Befriedigung der Kundenbedürfnisse verwirklicht werden soll. Dabei sind die Unternehmensaktivitäten auf aktuelle und potentielle Märkte ausgerichtet.[192] Ein potentieller neuer Markt ist z.B. das Geschäft im Internet.

Brick&Click-Marketing stellt dieser Definition folgend den Versuch dar, die Bedürfnisse der Konsumenten auf Basis der Marketing- und Absatzkanäle *‚stationäres Geschäft'* und *‚Internet'* optimal befriedigen zu wollen und dadurch Wettbewerbsvorteile durch langfristige Bedürfnisbefriedigung bei den Konsumenten zu erlangen.

Der Begriff *‚Brick&Click'* stammt aus dem Englischen (Brick = engl. für Mauerstein, Ziegel; Click = Synonym für den Mausklick am Computer) und steht für ein Geschäftsmodell, das versucht die Vorteile von klassischen Ladengeschäften und virtuellen Online-Shops zu kombinieren. Ziel dieser Kombination ist es, einerseits für den Kunden einen Mehrwert zu generieren, andererseits Synergiepotentiale auf Unternehmensseite zu schaffen sowie Konsumenten mehr ans Unternehmen zu binden.

---

[188] Wolfgang Urban, CEO der Karstadt-Quelle AG, zitiert nach Ahlert (2004), S. 5.

[189] Vgl. Fraunhofer IAO (2001), S. 30; Wübbenhorst (2002), S. 151-167; Szabo (2002), S. 64-77; Müller-Lankenau (2007), S. 12.

[190] Vgl. Armbruster Reif (2005), S. 114f.

[191] Vgl. Armbruster Reif (2005), S. 113.

[192] Vgl. Meffert (2005), S. 8.

Folgende weitere Bezeichnungen werden für den Begriff ‚Brick&Click' in der (meist englischsprachigen) Literatur verwendet: ‚Clicks&Mortar'[193] (Mortar = engl. für Mörtel), ‚Click&Brick'[194] (andere Reihenfolge) sowie ‚Bricks&Clicks'[195] (Plural) stellen alternative Begriffsverwendungen dar. Alle Begriffe bezeichnen die Kombination von stationärem Handel und Online-Handel als Geschäftsmodell. In der deutschsprachigen Literatur wird auch von ‚dualer Distribution'[196] oder einer ‚Hybrid-Strategie'[197] bei dieser Form der Distribution in zwei Kanälen gesprochen.

Immer häufiger werden aber auch die englischsprachigen Ausdrücke wie ‚Brick&Click' oder ‚Click&Mortar' verwendet. Diese verschiedenen Begriffsdarstellungen sind zum einen Ausdruck von Bemühungen, den neuen Entwicklungen im Bereich Vertriebstypenpolitik und E-Commerce einen Namen zu geben und diese zu systematisieren. Zum anderen sollen sie die Dualität dieses Modells aufgrund der zwei sehr unterschiedlichen Handelsformen deutlich machen. In dieser Studie wird der Begriff **‚Brick&Click'** (B&C) verwendet, da der Hauptumsatz dieses Geschäftsmodells bei den meisten Unternehmen immer noch stationär umgesetzt und der Online-Absatzkanal dementsprechend als Ergänzung gesehen werden kann.[198]

Beispiele für bekannte Brick&Click-Unternehmen sind unter anderem: *Wal-Mart* (USA), *Tesco* (GB), *Karstadt*, *Blume2000* oder *Schlecker*.[199] Im deutschen Markt ist zu beobachten, dass immer mehr Firmen aus dem traditionellen Handel das Internet als neuen Absatzkanal entdecken und integrieren, und sich so als Brick&Click-Unternehmen aufstellen.[200]

Hierbei wird zumeist der bereits etablierte Kanal des stationären Handels mit dem des Online-Kanals ergänzt. Es handelt sich dann um eine Integration des neuen Absatzkanals Internet in das bestehende stationäre Distributionssystem. Diese *nachhaltige Integration des Internets als Absatzka-*

---

193 Vgl. Füllemann (2002), S. 328ff.; Schögel/Sauer/Schmidt (2004), S. 5; Theis (2006), S. 36.

194 Vgl. Bauer (2001), S. 53; Steinfield (2004), S. 101-116.

195 Vgl. Risch (2001); van Baal/Hudetz (2005), S. 139.

196 Vgl. Schramm-Klein (2003a), S. 16.

197 Vgl. Armbruster Reif (2005), S. 103ff.

198 Firmen, die ihren Ursprung im stationären Handel haben, setzen laut Studie auch als Multi-Channel-Firma meist den Schwerpunkt auf den stationären Handel, vgl. hierzu Schröder (2005), S. 35.

199 Auch der Elektronik-Einzelhändler *Media Markt* (Metro Group) war von April 2004 bis zur Schließung seines Online-Shops im Oktober 2007 ein Brick&Click-Unternehmen.

200 Vgl. Wirtz/Sammerl (2006), S. 426.

nal in das bestehende stationäre Laden- oder Filialsystem zu einem *integrierten Multikanalsystem* stellt das allgemein am weitesten verbreitete Vorgehen dar.[201] Folglich konzentriert sich diese Studie auf Handelsunternehmen, die im Zuge einer Multi-Channel-Strategie ihren traditionellen, stationären Absatzkanal um den eines Online-Kanals ergänzen.

Andererseits gibt es auch einige Firmen, die als sog. ‚Pure Player' im Online-Handel gestartet sind und nun versuchen, ihren Absatzweg um den stationären Handel zu erweitern.[202] Jedoch sind hier die Erfolgschancen weitaus geringer als umgekehrt, da die etablierten stationären Händler bereits über bestehende Infrastrukturen und Präsenzen verfügen, die den Kunden geläufig sind.[203] Hohe Marketingkosten und unternehmerische Anstrengungen sind nötig, um auf dem gesättigten Markt des stationären Einzelhandels die hohen Markteintrittsbarrieren zu meistern und als neuer ‚Player' einzusteigen und Marktanteil zu erlangen. Demnach wäre ein gleichzeitiger Neueinstieg in beide Handelsformen als dritte Einstiegsoption noch schwieriger und kostspieliger als die zwei bereits genannten Vorgehensweisen.

5.2 Die Absatzkanäle beim Brick&Click - Marketing

Alternative Absatzkanäle decken unterschiedliche Konsumentenbedürfnisse ab, jeder Kanal hat dabei sowohl Vorteile als auch Nachteile in den Augen der Konsumenten.[204] Die einzelnen Kanäle eines Unternehmens verhalten sich oft komplementär untereinander, d.h. oft sind die Vorteile des einen Kanals gleichzeitig Nachteile des anderen. Im Folgenden sollen anhand von Kriterien aus sowohl Konsumentensicht als auch Unternehmersicht Vorteile und Nachteile beider Kanäle aufgezeigt und schließlich verglichen werden.

5.2.1 Stationärer Handel

Der stationäre Handel in Form von Geschäften oder Filialen zeichnet sich durch das Vorhandensein eines (zumindest temporär) dauerhaften Verkaufsraumes aus.[205] Er wird oft auch als traditionelle Form des Handels

---

201 Vgl. Swoboda/Janz (2002), S. 303.

202 Als Beispiel dient hier der amerikanische Buchhändler *Amazon*, der mittlerweile auch über stationäre Kanäle verfügt, vgl. hierzu Swoboda/Janz (2002), S. 309; Schramm-Klein (2003a), S. 41.

203 Zu den Vorteilen des etablierten stationären Handels siehe Punkt 5.5 auf S. 45 dieser Studie.

204 Zu Vor- und Nachteilen der Kanäle aus Konsumentensicht siehe auch Dach (2002).

205 Vgl. Dach (2002), S. 16.

bezeichnet. Im stationären Handel kommt der Kunde zum Händler (*‚Hol-Prinzip'*). Die Produkte sind i.d.R. sofort verfügbar und können vor dem Kauf begutachtet werden. Durch den Einsatz von Verkaufspersonal zur Unterstützung und Beratung des Kunden kann *soziale Interaktion* zwischen dem Ladenpersonal und den Kunden stattfinden.

Eine zentrale Rolle im stationären Handel spielt der *Standort*, da durch ein stationäres Geschäft langfristig viel Kapital gebunden wird und außerdem die Entfernung zum Kunden bzw. die Erreichbarkeit ein sehr wichtiges Kriterium bei der Wahl der Einkaufsstätte darstellt.[206] Gerade bei Unternehmen mit mehreren Filialen werden Standortalternativen genau analysiert, um für die Konsumenten ein flächendeckendes Versorgungssystem aus den einzelnen Filialen zu konstruieren und Kannibalisierungseffekte zwischen einzelnen Filialen zu vermeiden.[207]

Vor- und Nachteile aus Konsumentensicht:

Einen Vorteil des stationären Handels stellt die Vermittlung eines Einkaufsvergnügens in realer Einkaufsumwelt dar.[208] Er bietet dem Kunden dabei ein haptisches Erlebnis beim Einkauf sowie die Möglichkeit zur sozialen Interaktion.[209]

Durch den persönlichen Kontakt sowie die Möglichkeit zur direkten Qualitätsüberprüfung genießt der stationäre Handel im Allgemeinen ein höheres Vertrauen und höhere Glaubwürdigkeit als z.B. das Internet.[210] Dadurch fällt auch das wahrgenommene Kaufrisiko im stationären Handel meist geringer aus als in anderen Kanälen.[211] Der stationäre Kanal eignet sich vor allem für Waren oder Leistungen, die einer persönlichen Beratung oder einer Möglichkeit der Qualitätsprüfung bedürfen. Diese Waren werden im Distanzhandel aufgrund der nicht vorhandenen Möglichkeiten der Qualitätsüberprüfung oft nicht angenommen oder abgelehnt.[212] Zudem wird der stationäre Handel vielfach von Kunden bevorzugt, die Wert auf die eigene Organisation des Einkaufs (Erleben der Ware, Einkaufserlebnis) sowie auf die Nutzung von Agglomerationseffekten (z.B. mehrere

---

206 Vgl. Müller-Hagedorn (2002), S. 110ff.
207 Vgl. Müller-Hagedorn (2002), S. 111.
208 Vgl. Dach (2002), S. 147.
209 Vgl. Link/Kramm (2007), S. 557.
210 Vgl. Billen/Weiber (2007), S. 56.
211 Vgl. Billen/Weiber (2007), S. 56.
212 Vgl. Schröder (2005), S. 39.

Anbieter in räumlicher Nähe oder Einkauf auf dem Weg nach Hause) legen.[213]

Das reale Einkaufserlebnis kann sich im stationären Handel dennoch auch negativ auswirken. Konsumenten können sich z.B. durch stressige Situationen (voller Laden, lange Kassenschlangen) oder ‚aufdringliches' Verkaufspersonal in Geschäften gestört fühlen.[214] Des Weiteren sind die Ladenöffnungszeiten ein mögliches Hindernis für den Einkauf, schränken sie doch den Kunden auf bestimmte Einkaufszeiten ein und verhindern so eine flexible Einkaufsmöglichkeit.[215]

Vor- und Nachteile aus Unternehmenssicht:

Der stationäre Handel hat durch die ‚Lokalität' seiner Standorte einen entscheidenden Vorteil gegenüber dem Online-Handel: durch die lokale Präsenz seiner Geschäfte kann der stationäre Handel die ‚natürliche' Frequenz seines Umfeldes (z.B. täglicher Arbeitsweg des Konsumenten) nutzen. Dieses ‚natürliche' Umfeld gibt es im Internet nicht.[216] Gleichzeitig aber stellt dieses natürliche Umfeld auch die Grenze des stationären Marktes dar, bildet daher zugleich also eine Beschränkung des Wirkungsbereiches im stationären Handel.

Zudem ist im stationären Handel die Beziehung zwischen Kunde und Händler meist anonym, soweit keine Kundenkarte eingesetzt wird oder der Händler seine Kunden persönlich kennt. Dies hat zur Folge, dass ein stationärer Händler kaum nutzbare Daten zur Kundenanalyse generieren kann.[217]

5.2.2 Online-Handel

Der Online-Handel findet über das Internet statt und wird auch als E-Commerce bezeichnet. Er funktioniert nach dem *‚Bring-Prinzip'*, d.h. der Kunde bestellt die Ware im Internet und bekommt diese dann geliefert. Dabei übernimmt das Internet die Funktion der Verkaufsanbahnung und des Bestellvorganges, die Distribution erfolgt auf dem im klassischen Versandhandel bereits etablierten Wege der Zustellung. Der Versand der Bestellungen geschieht meist über einen externen Dienstleister (*UPS*, *FedEx*,

---

213 Vgl. Schröder (2005), S. 42.
214 Vgl. Lewis/Bridger (2001), S. 169; Schramm-Klein (2003a), S. 170.
215 Vgl. Burgard (2006), S. 41.
216 Vgl. Swoboda/Janz (2001), S. 7.
217 Vgl. Schröder (2005), S. 32.

Post), bei größeren Unternehmen (z.B. *Otto-Versand*) teilweise über einen eigenen Versandservice.

Der Online-Handel ist an die Verfügbarkeit und Interaktion mit Computern gebunden. Die häufigste Art des Online-Handels ist die eigene Website mit einem sog. Online-Shop. Bei einem **Online-Shop**[218] handelt sich im Allgemeinen um eine Software, die einen virtuellen Laden im Internet darstellt. Verbunden mit einer Datenbank wird dem Kunden meist ein virtueller Warenkorb oder ein eigenes Kundenkonto für seinen Einkauf zur Verfügung gestellt.

Hinter dem Online-Shop steht ein physisches Handelsunternehmen, das den Shop aus einem Büro oder auch einem stationären Laden betreibt und die Bestellungen abwickelt.

Als Vorraussetzung für den Online-Handel benötigt ein Unternehmen einen Zugang zum Internet, eine Domain mit Webspace (Speicherplatz) sowie ein Shop-System. Fertig konfigurierte Shopsysteme sind für Unternehmen heute schon für eine geringe Nutzungsgebühr zu haben und können problemlos auf der eigenen Webseite einpflegt werden. Während früher der Aufbau eines Online-Shops mit sehr hohen Kosten verbunden war,[219] können aufgrund geringer Investitionskosten heutzutage auch kleine Händler einen Online-Shop eröffnen. *Open-Source-Shopsysteme*[220] sind im Internet oft kostenlos verfügbar und eine eigene Website kann für einen geringen Betrag im Monat erworben werden. Durch benutzerfreundliche Verwaltungssoftware kann auch mit geringem IT-Fachwissen heutzutage ein Online-Shop aufgebaut werden.

Eine Alternative zum Handel über die eigene Website stellt die Auktions-Plattform *eBay* dar. Aufgrund seiner großen Reichweite sowie eines unkomplizierten Shop-Systems wird *eBay* von einigen Händlern als Alterna-

---

[218] Vgl. Burgard (2006), S. 75f. Andere Begriffe für einen Online-Shop sind auch: Internet-Shop, Webshop, E-Shop, Online-Store; Verbünde und Zusammenschlüsse wie z.B. *Virtuelle Malls* spielen heutzutage kaum eine Rolle mehr im E-Commerce.

[219] Vgl. Ahlert (2001), S. 22. Hier werden die durchschnittlichen Kosten für den Aufbau eines Online-Shops mit 1 Mio. Dollar angegeben, diese Zahl ist jedoch aufgrund der schnellen Entwicklung und Diffusion der Technik heute nicht mehr als aktuelles Beispiel anzusehen.

[220] Unter Open Source-Software versteht man lizenzfreie Software, die nichts kostet und von Jedem benutzt werden darf. Als freie Shopsysteme sind hier u.a. *xt:Commerce* oder *osCommerce* zu nennen. Bei einigen Systemen wird eine geringfügige Nutzungsgebühr fällig.

tive zum eigenen Online-Shop gesehen.[221] Laut Schätzungen hat *eBay* einen Anteil von 23 % am gesamten E-Commerce-Umsatz in Deutschland.[222]

Vor- und Nachteile aus Konsumentensicht:

Der Online-Handel verfügt mit seiner *Convenience-Orientierung* und dem *geringen Zeiteinsatz* über zwei bedeutende Vorteile.[223] Ein weiterer Vorteil aus Konsumentensicht ist die flexible Erreichbarkeit des Online-Handels. Durch seine Medialität und Digitalität ist dieser unabhängig von Öffnungszeiten rund um die Uhr erreichbar, benötigt wird nur ein Internetzugang. Der Konsument kann so von Zuhause oder auch anderen Orten aus mithilfe eines Computers bestellen.[224] Durch die ständige Erreichbarkeit des Unternehmens im Internet kann der Kunde selber entscheiden, wann und wo er mit dem Unternehmen in Kontakt tritt. Bestellungen durch den Kunden sind aufgrund eines automatisierten Bestellvorganges auch an Sonn- oder Feiertagen möglich, da für die reine Bestellannahme per Online-Shop kein Personal benötigt wird. Solch ein zeit- und ortsunabhängiger, direkter Dialog mit dem Kunden wird zunehmend wichtiger und zu einem zentralen Erfolgsfaktor für Unternehmen.[225]

Die Nachteile des Online-Handels für Konsumenten ergeben sich vor allem aus der Medialität des Internets. Beim Online-Handel muss aufgrund des Distanzprinzips auf immaterielle Präsentationsformen zurückgegriffen werden. Produkte werden durch Abbildungen und erläuternde Texte (u.a. auch Videoclips) vorgestellt, sind physisch aber nicht vorhanden. Daher kann die Qualität der Ware optisch nur schwer, haptisch oder sensorisch überhaupt nicht beurteilt werden.[226]

---

221 Händler können auf der Auktionsplattform *eBay* eigene ‚Shops' einrichten und so ein Angebot im Internet ohne eigene Website realisieren, vgl. dazu Vgl. Hudetz/Hans/Tanaskovic (2005), S. 42.

222 Professionelle Händler werden bei *eBay* als ‚Powerseller' bezeichnet, diese machen einen Großteil des Konzern-Umsatzes aus, vgl. hierzu Bundesverband des Deutschen Versandhandels e.V. (2007b), S. 15.

223 Vgl. Dach (2002), S. 222f.

224 Der *Standort* spielt im Vergleich zum stationären Handel kaum eine Rolle beim Online-Handel (Ausnahmen: Versandkosten ins Ausland, Lieferzeit), vgl. Henschel (2005), S. 138.

225 Vgl. Wirtz (2005), S. 3.

226 Das Internet kann zwar visuelle und auditive Eigenschaften eines Produktes weitgehend präsentieren, nicht jedoch nicht-digitalisierbare Eigenschaften wie den Geruch oder Geschmack einer Ware, vgl. Schenk (2001), S. 31.

Einen weiteren Nachteil stellen für viele Kunden die z.T. hohen Versandkosten beim Online-Shopping dar. Jedoch fallen auch beim stationären Einkauf monetäre und nicht-monetäre ,Transportkosten' an (Anfahrtsweg, Parkgebühren, Zeitaufwand), die meist von Konsumenten aber in der Gesamtkalkulation ihrer Kosten nicht beachtet oder berücksichtigt werden.[227] Zudem ist aufgrund der Virtualität des Online-Kanals beim Online-Shopping ein Vertrauensaufbau schwieriger als in anderen Absatzkanälen.[228] Vertrauen stellt jedoch die wesentliche Grundlage für die Abwicklung von Geschäftsprozessen über das Internet dar.[229]

Durch die Anonymität und Unpersönlichkeit[230] im Internet ist auch eine Unsicherheit in Bezug auf die Zahlung zu beobachten. Kunden haben oft Angst ihre Daten im Internet anzugeben, weil sie einen Missbrauch derselben fürchten. Jedoch liegt diese Unsicherheit oft *„mehr im mangelnden Kenntnisstand der Anwender als in tatsächlich vorhandenen Sicherheitslücken"*[231]. Trotz einer fehlenden sozialen Interaktion kann ein Einkauf im Internet durch die Interaktivität des Mediums sowie andere spezifische Merkmale auch ein Einkaufserlebnis für den Konsumenten darstellen.[232]

Der Kauf im Internet setzt bei den Konsumenten gewisse mediale Kompetenzen im Umgang mit Computern voraus. Menschen, die eine positive Einstellung gegenüber Computern und dem Internet haben, bestellen eher Waren online als Menschen mit einer negativen Einstellung zu den ,neuen Medien'. *Online-Shopping* wird allgemein von Kunden bevorzugt, die sich von Ladenschlusszeiten nicht einschränken lassen wollen, die sich anderen Hindernissen gegenübersehen (z.B. fehlende Mobilität) oder die in deren eigener räumlicher Umgebung eine Unterversorgung mit Betrieben des stationären Einzelhandels besteht (z.B. Menschen aus dörflichen Gegenden). Außerdem wird es vielfach von Kunden genutzt, die einen geringen Beratungsbedarf haben und Wert auf Autonomie beim Einkauf legen. Durch den Online-Einkauf sparen Kunden zudem Transaktionskosten (z.B. den Gang zum Geschäft) ein.[233]

---

227 Während Versandkosten häufig als sehr hoch empfunden werden, werden entsprechende Transaktionskosten im stationären Handel oft unbewusst von Konsumenten ausgeblendet, vgl. Van Baal/Heidjann/Schrader (2005), S. 234; Dach (2002), S. 135.

228 Online-Shops werden oft von Konsumenten als nicht real und/oder unpersönlich wahrgenommen, vgl. hierzu Vgl. Schramm-Klein (2003a), S. 79.

229 Vgl. Hudetz/Hans/Tanaskovic (2005), S. 54.

230 Vgl. Wirtz/Sammerl (2006), S. 437.

231 van Baal/Hinrichs/Stroborn (2005), S. 260.

232 Auch die Mediennutzung selber kann als ,Erlebnis' beim Einkauf empfunden werden, vgl. Schramm-Klein (2003a), S. 169; Bauer/Falk/Reeder (2007), S. 167.

233 Vgl. Maschke/Pfeil/Posselt (2007), S. 523.

Vor- und Nachteile aus Unternehmenssicht:

Ein Vorteil des Internets für Unternehmen ist vor allem seine Reichweite. Durch den Einsatz eines Online-Shops ergibt sich (aufgrund der digitalen Technik) die Chance einer theoretisch globalen, praktisch zumindest nationalen Marktabdeckung. Dies stellt einen wesentlichen Vorteil für Handelsunternehmen im Vergleich zur lediglich lokalen oder regionalen Markabdeckung eines stationären Kanals dar.[234]

Ein weiterer Vorteil aus Unternehmenssicht ist die Flexibilität eines Online-Shops, Inhalte und Produkte lassen sich hier kurzfristig und schnell anpassen.[235] Auch die Kundenkommunikation wird durch das Internet erleichtert.[236] Des Weiteren ist aufgrund der Selbstbedienungskomponente des Internets (abgesehen von der Verwaltung des Online-Shops im Back-End-Bereich) meist kein weiterer Personaleinsatz nötig.[237] Die automatische Bestellabwicklung erleichtert zudem durch digitalisierte Vorgänge den logistischen Ablauf einer Bestellung.

Als Nachteile können *'klassische Innovationsbarrieren'* wie zu hohe Einführungskosten, mangelndes Know-how und zu geringe Personalressourcen einen optimalen Einsatz des Internets als Absatzkanal verhindern. KMU haben daher bei der Integration des Internets als Absatzkanal oft mehr Probleme als große Unternehmen.[238]

---

234 Vgl. Theis (2006), S. 55. Zu den Markt-Beschränkungen des stationären Handels siehe Punkt 5.2.1 auf S. 35 dieser Studie.

235 Vgl. Lehr (2002), S. 326.

236 Vgl. KPMG (2001), S. 45.

237 Ein Online-Shop benötigt im Vergleich zum stationären Geschäft kein Verkaufspersonal, vgl. Enberding/Wastl (2003), S. 141.

238 Vgl. Hudetz/Hans/Tanaskovic (2005), S. 65.

Tabelle 1 fasst abschließend die Eigenschaften der beiden Absatzkanäle zusammen und vergleicht die Ausprägungen der Kanäle anhand verschiedener Kriterien aus Konsumentensicht (Vorteil jeweils in Fettschrift).

Dimensionen	***Geschäft***	***Online-Shop***
Einkaufserlebnis	**hoch**	mittel bis hoch
Soziale Interaktion	**hoch**	niedrig
Datensicherheit	**mittel bis hoch**	niedrig bis mittel
Convenience	niedrig	**hoch**
Lieferzeit	**sofort**	Tage
Sortimentsauswahl	niedrig bis mittel	**mittel bis hoch**
Informationsangebot - Quantität - Qualität	 mittel hoch	 **hoch** **hoch**
Zeiteinsatz beim Einkauf	hoch	**niedrig**
Lieferkosten	**niedrig**	hoch

Tabelle 1: Relative Attraktivität der Kanäle ,Geschäft' und ,Online-Shop, Quelle: Eigene Darstellung, in Anlehnung an Schramm-Klein (2003a), S. 78.

DACH fand in seiner Studie[239] heraus, dass Konsumenten bei dringendem Produktbedarf oder dem Wunsch nach einer Selbstbelohnung eher den stationären Handel, bei der Suche nach einem ,Preiserlebnis' oder einem genau spezifizierten Produkt eher das Internet bevorzugten.[240] Einfluss auf die Wahl der *Einkaufsstätte* haben vor allem der Einkaufsanlass und situative Variablen wie z.B. Zeitdruck.[241] Daher schlägt DACH vor, die verschiedenen *„Einkaufssituationen als mögliche Zielmärkte zu betrachten"*[242].

5.3 Wechselwirkungen zwischen den Kanälen

Das vorangegangene Kapitel hat gezeigt, dass beide Absatzkanalformen sowohl über Vorteile als auch Nachteile verfügen. Mit einer Vernetzung des stationären und des Online-Absatzkanals können die Vorteile beider Kanäle kombiniert werden. Bei einer solchen Vernetzung entstehen zudem Wechselwirkungen zwischen den Kanälen.[243] Durch das Zusammenspiel von beiden Kanälen können aus Unternehmenssicht sowohl positive als auch negative Wechselwirkungseffekte auftreten. Wechselwirkungen

---

239 Dach untersucht in seiner Studie „Internet Shopping versus stationärer Handel" aus dem Jahr 2002 das Einkaufsstättenwahlverhalten von Konsumenten, die mindestens schon einmal online bestellt haben. Für die Studie wurden ca. 1000 ausgefüllte Online-Fragebögen ausgewertet, vgl. Dach (2002), S. 173-238.

240 Vgl. Dach (2002), S. 250.

241 Vgl. Dach (2002), S. 159.

242 Dach (2002), S. 242.

243 Vgl. Schögel/Sauer/Schmidt (2004), S. 9.

können i.d.R. nur entstehen, wenn das Unternehmen eine integrative Strategie verfolgt, d.h. die Absatzkanäle auf verschiedene Arten miteinander verbunden werden.[244]

Positive Wechselwirkungen

Bessere Information

Informationen im Internet sind einerseits leichter für den Konsumenten zugänglich als in anderen Absatzkanälen, andererseits können Unternehmen auch leichter Informationen bereitstellen.[245] Bei einer Kombination aus stationärem Handel und Online-Handel können daher die Nachteile des stationären Handels beim Informationsaufwand für den Konsumenten durch den Online-Auftritt der Unternehmung und dessen einfache Informationsfunktion kompensiert werden. Somit wird es für den Kunden durch einen Online-Kanal einfacher, an Informationen über Produkte oder die Firma zu kommen. Dieser muss sich nicht mehr mühsam vor Ort im Geschäft über neue Produkte informieren, sondern kann dies bequem von Zuhause aus erledigen. Des Weiteren kann durch erleichterte und verbesserte Kommunikationsmaßnahmen im Online-Kanal die Frequenz des Kunden im stationären Geschäft erhöht werden.

Kaufanbahnung

Die Website eines Unternehmens spielt häufig auch eine Rolle für den Umsatz im stationären Handel.[246] Wenn Kunden sich vor einem Kauf im stationären Handel im Internet auf der Unternehmens-Homepage informieren, wird dies als *Kaufanbahnung* für den stationären Handel bezeichnet.

In einer Studie des *ECC (E-Commerce Center) Handel* am Institut für Handelsforschung an der Universität zu Köln wurden die Wechselwirkungen zwischen

stationärem Handel und Online-Handel erforscht.[247] Dabei wurde das Informations- und Kaufverhalten von Online-Shoppern[248] untersucht. In dieser Online-Befragung wurden Fragen zum letzten Kauf im Internet, im

---

244 Vgl. Schramm-Klein (2003a), S. 82.

245 Informationen im Internet sind für den Konsumenten schnell und mit wenig Aufwand erreichbar, vgl. Schramm-Klein (2003a), S. 60.

246 Vgl. Dach (2002), S. 24; Henschel (2005), S. 136; van Baal/Hudetz (2005), S. 171.

247 In dieser Studie des ECC Handel aus dem Jahre 2004 wurden 932 Online-Shopper zu ihrem Informations- und Kaufverhalten befragt. Zu Details der Studie siehe van Baal/Hudetz (2005).

248 ‚Online-Shopper' werden hier definiert als Internet-Nutzer, die schon einmal im Internet eingekauft haben und dies auch in Zukunft für Einkäufe nutzen wollen.

stationären Handel sowie Fragen zur Person (soziodemographische Daten) gestellt und ausgewertet. Das Ergebnis der Studie verdeutlicht die Bedeutung des Internets für die Kaufanbahnung im stationären Geschäft: etwas mehr als ein Viertel der stationären Käufer haben sich vor dem Kauf im Internet informiert. Andersherum haben sich knapp 22 % der Online-Käufer vor dem Kauf im stationären Handel informiert.[249] Diese Ergebnisse sprechen für eine Wechselwirkung zwischen beiden Kanälen im Sinne einer *Kaufanbahnung* im jeweils anderen Kanal.

Vertrauenstransfer

Konsumenten bestellen eher im Internet, wenn Sie wissen, dass Sie im schlimmsten Falle den persönlichen Kontakt im Ladengeschäft suchen können.[250] Bekannte stationäre Händler können daher das bisher ihnen von den Kunden entgegengebrachte Vertrauen auf den Online-Kanal übertragen.[251] Aufgrund eines generellen noch vorherrschenden Vertrauensdefizits des Online-Kanals kann die Kombination mit dem stationären Handel einen *Vertrauenstransfer* ermöglichen und so mögliche, durch Vertrauensmangel entstehende Kaufhindernisse beseitigen.[252] Des Weiteren kann durch einen modernen Online-Auftritt auch das Image des Handelsunternehmens positiv beeinflusst werden.

Negative Wechselwirkungen

Kannibalisierung

Als negativer Effekt der Vernetzung ist eine mögliche *Kannibalisierung* der Kanäle untereinander zu betrachten. Vor allem eine mögliche *Substitution der Käufe im stationären Handel* durch den hinzukommenden Online-Kanal stellt für die stationären Händler eine tendenzielle Gefahr dar. Eine Kannibalisierung wirkt sich negativ auf das Unternehmensergebnis aus, da hierbei die bestehenden Umsätze bei gleichzeitig höheren Kosten nur ‚umgeschichtet' werden. Die Wahrscheinlichkeit einer Kannibalisierung ist dabei abhängig von der Art des Produktes. Je nach Standardisierbarkeit des verkauften Produktes ist eine Kannibalisierung der Umsätze wahrscheinlich oder unwahrscheinlich.[253] So treten bei standardisierten

---

249 Vgl. van Baal/Hudetz (2004), S. 2 u. 5.

250 Vgl. Billen/Weiber (2007), S. 70.

251 Vgl. Schramm-Klein (2002), S. 29; Armbruster Reif (2005), S. 72.

252 Konsumenten bringen den ihnen stationär bekannten Anbietern mehr Vertrauen entgegen als Unternehmen, von denen sie nur die Website kennen, vgl. Schramm-Klein (2003a), S. 334; Steinfield (2004), S. 109; Armbruster Reif (2005), S. 5; Lemke/Sander (2007), S. 382.

253 Vgl. KPMG (2001), S. 32.

Produkten (z.B. Bücher) Kannibalisierungseffekte eher auf als bei nicht-standardisierten (z.B. Uhren).

5.4 Der Wert des zusätzlichen Online-Kanals für das Unternehmen

Die Ausführungen im letzten Abschnitt haben gezeigt, dass ein zusätzlicher Online-Kanal weit mehr darstellt als nur einen neuen Absatzkanal. Neben den Umsätzen im neuen Kanal haben auch die bereits beschriebenen *Wechselwirkungen zwischen den Kanälen* Einfluss auf den Unternehmenserfolg. Daher reicht der nominale Umsatz des Online-Kanals als einzige Berechnungsgrundlage nicht aus, um den gesamten Wert des neuen Kanals für das Unternehmen festzustellen. Abbildung 9 verdeutlicht diesen Sachverhalt als Grafik.

Abbildung 9: Wechselwirkungen zwischen den Kanälen beim Brick&Click-Marketing Quelle: van Baal (2006b), S. 5.

Neben dem **zusätzlich generierten Umsatz** (Gesamtumsatz abzüglich des kannibalisierten Umsatzes) durch den neuen Online-Absatzkanal stellt auch die bereits oben erläuterte **Kaufanbahnung im Internet** (vertriebskanalübergreifender Kaufimpuls) einen zusätzlichen Beitrag zum Wert des neuen Kanals dar. Zusätzlich kann vor allem auch das **Image eines Unternehmens** durch einen bestehenden Internetauftritt bzw. Online-Shop verbessert werden (mittelbarer Umsatzeffekt). Diese drei Faktoren (*Zusatzumsatz, vertriebskanalübergreifende Kaufimpulse, mittelbare Umsatzeffekte*) stellen zusammen den gesamten Wert des Internets als neuen Absatzkanal für das Unternehmen dar (siehe auch Abb. 9).

Trotz dieser Wechselbeziehungen der Kanäle wird auf Unternehmensseite jedoch oft nur der Umsatz des neuen Kanals als Erfolgsindikator herangezogen, da es relativ schwierig und aufwändig ist, den tatsächlichen

‚Gewinn' des neu hinzugekommenen Online-Absatzkanals zu bestimmen. Insbesondere da einige Vorteile des neuen Absatzkanals nicht monetärer Natur sind (z.B. ein Imagegewinn durch die neue Webseite des Unternehmens) und daher kaum oder nur schlecht benannt und monetär bewertet werden können.[254]

Zudem sind Prozesse wie eine Kaufanbahnung im jeweils anderen Kanal praktisch nicht sichtbar. Daher sind Käufe, die online initiiert, dann aber offline getätigt werden, statistisch nur schwer zu erfassen.[255] Als Beispiel dient hier ein Kunde, der sich online auf der Unternehmens-Homepage informiert und dann aber doch stationär die Ware kauft. In solch einem Falle kann das Unternehmen die ‚Leistung' des Online-Kanals (Kaufanbahnung) meist nicht zurückverfolgen und somit nicht als positiven Effekt berücksichtigen. Aus diesem Grund sollte eine Bewertung des neu hinzukommenden Absatzkanals Internet nicht nur an den Umsatzzahlen festgemacht werden. Ein weiterer Absatzkanal entwickelt im Zusammenspiel mit den bisherigen Kanälen zusätzliche Potentiale für das Unternehmen, die es zu nutzen gilt und die daher zur Erfolgrechnung hinzugezählt werden müssen.[256]

5.5 Die Situation etablierter stationärer Händler

Vor allem *etablierte stationäre Anbieter* profitieren von den im vorherigen Abschnitt behandelten Wechselwirkungen der Kanäle untereinander, da z.B. ein Vertrauenstransfer nur bei dem Konsumenten *schon bekannten* Unternehmen erfolgen kann. Überwiegend suchen Konsumenten im Internet nach bekannten Marken und Unternehmen, die sie auch vom ‚traditionellen' Einkaufserlebnis im stationären Handel kennen.[257] Zudem neigen Konsumenten stationär wie online dazu, nur eine geringe Anzahl an Händlern aufzusuchen.[258] In den meisten Branchen sind es daher die stationären Einzelhändler, die auch im Internet das Geschäft machen und die Konkurrenz verdrängen.[259] Da sich der Konsument von heute in mehreren Welten (‚reale' und Online-Welt) bewegt, erwartet er auch von Unternehmen, diese in der virtuellen Welt vorzufinden. Durch *etablierte Marken* kann dabei im Internet ein Image- und Vertrauenstransfer realisiert

---

254 Vgl. van Baal/Hudetz (2005), S. 145.

255 Vgl. Burgard (2006), S.85.

256 Zu einer Übersicht des Potentials eines zusätzlichen Online-Kanals für stationäre Unternehmen siehe Anhang 3 auf S. 75 dieser Studie.

257 Vgl. Swoboda/Janz (2002), S. 309.

258 Vgl. van Baal/Hudetz (2005), S. 175.

259 Vgl. Swoboda/Janz (2001), S. 7.

und die Auffindbarkeit des Internet-Auftritts eines Unternehmens gesteigert werden. [260] Neben dem *Bekanntheitsgrad* einer etablierten Marke hat der stationäre Handel weitere Vorteile bei der Integration des Absatzkanals Internet: ein *existierender Kundenstamm*, ein *bestehendes Vertriebsnetz*, eine *erprobte Produktpalette, etablierte Lieferantenbeziehungen* sowie *Skalenvorteile beim Einkauf* stellen Faktoren dar, die den Unternehmen aus dem traditionellen Handel einen Vorteil bei der Umsetzung des alternativen Absatzweges verschaffen.[261]

Die Chance für etablierte stationäre Anbieter besteht daher darin, die bereits vorhandenen Stärken mit denen des Internets zu verbinden, um so die Bedürfnisse der heutigen Konsumenten optimal befriedigen zu können.[262] Abbildung 10 veranschaulicht die Potenziale einer solchen Kombination von stationärem Handel und Online-Handel.

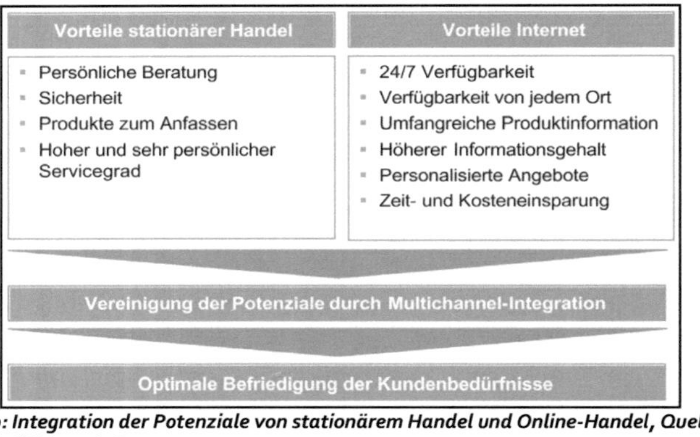

Abbildung 10: Integration der Potenziale von stationärem Handel und Online-Handel, Quelle: Media Consulting GmbH (2001), S. 2.

Wie aus Abbildung 10 hervorgeht, führt eine Kombination von stationärem und Online-Handel zu einem *Mehrwert für Konsumenten*, von dem letztendlich auch das Unternehmen durch *potentielle Mehrumsätze* profitieren kann.

Andererseits kann bei einer Integration des Internets als Absatzkanal der etablierte stationäre Kanal sich auch als ‚Ballast' für das Unternehmen entpuppen, da bei einer integrativen Strategie z.B. die Preisabstimmung

---

[260] So zeigen Studien, dass die Konsumenten im Internet häufig ihnen bekannte Markennamen in die Adresszeile eingeben oder in Suchmaschinen wie *Google* nach bekannten Marken suchen, vgl. hierzu Burgard (2006), S. 108f.

[261] Vgl. Bauer (2001), S. 54; Swoboda/Janz (2001), S. 7; Füllemann (2002), S. 332; Engberding/Wastl (2003), S. 150; Henschel (2005), S. 143; Theis (2006), S. 7 und 22ff.

[262] Vgl. Maiwaldt (2001), S. 181; Hansen/Madlberger (2007), S. 777.

der Kanäle eine flexible, an der Konkurrenz orientierte Preisgestaltung im Internet verhindert. Auch die höheren Betriebskosten durch das stationäre Geschäft können sich negativ auf das Unternehmen auswirken.[263] Ein ,*Pure Player*'-Unternehmen kann im Vergleich dazu wesentlich flexibler reagieren und aufgrund niedrigerer Gesamtkosten oft eine günstigere Preisstrategie verfolgen als ein Brick&Click-Unternehmen.

---

263 Die Kosten für den Aufbau eines Online-Shops sind im Vergleich zu den Kosten eines stationären Geschäftes relativ gering, vgl. Armbruster Reif (2005), S. 2.

6 Chancen und Risiken von Brick&Click im Bekleidungseinzelhandel

6.1 Der Bekleidungseinzelhandel

Der Einzelhandel wird im Allgemeinen nach den zu verkaufenden Produktarten bzw. Warengattungen unterteilt. Die Geschäftsgrundlage des *Bekleidungseinzelhandels (BEH)* ist der Verkauf von Bekleidung. Übergeordnet gehört der BEH zum *Textileinzelhandel (TEH)*. Der Bekleidungseinzelhandel stellt den größten Bereich des Textileinzelhandels dar. Über 90 % des Umsatzes im TEH werden mit Bekleidung erzielt, der Rest entfällt auf andere Textilwaren wie Bettwäsche, Teppiche oder Kurzwaren.[264] Die Bekleidungs- und Textilbranche ist nach der Lebensmittelbranche die zweitgrößte Branche im Einzelhandel.[265] Der BEH ist positioniert zwischen den Herstellern der Textilindustrie und den Endverbrauchern. Seine wesentliche Aufgabe besteht in der Distributionsfunktion, d.h. im Verkauf der Ware an den Endkunden. Unterteilt wird der BEH im Allgemeinen in folgende Warenbereiche: *Bekleidung ohne ausgeprägten Schwerpunkt*, *Damenoberbekleidung (DOB)*, *Herrenbekleidung (HAKA)* sowie *Kinder- und Säuglingsbekleidung (KIKO)*.

Manche Hersteller treten im BEH gleichzeitig auch als Händler auf, bei einigen Vertikalisten verschwimmt sogar die Grenze zwischen Hersteller und Händler. Das Unternehmen *H&M* gilt beispielsweise nicht als Hersteller, da *H&M* zwar mit Hilfe von ausländischen Unternehmen für sich selber produzieren lässt, diese Hersteller aber unternehmensextern sind und im Auftrag von *H&M* arbeiten.[266] *H&M* ist somit generell nicht als Hersteller anzusehen und wird folglich in dieser Studie als Einzelhandelsunternehmen betrachtet.

Die Modebranche insgesamt zeichnet sich vor allem durch schnelllebige Modetrends, wechselndes Verbraucherverhalten, vielschichtige Sortimente sowie eine enorme Produktvielfalt aus.[267] Diese große Produktvielfalt bei Bekleidung erschwert indes eine standardisierte Klassifizierung von Produkten.[268] Eine gewisse Standardisierung der Ware sowie zudem

---

264 Vgl. Bundesverband des Deutschen Textileinzelhandels e.V. (2007), S. 136. Anzumerken ist hier, dass oft die Begriffe Bekleidung und Textilien synonym verwendet werden. Dies ist jedoch nicht korrekt, da nicht alle Textilien Kleidungsstücke sind (z.B. Bettwäsche), ebenso sind nicht alle Kleidungsstücke Textilien (z.B. Lederjacken).

265 Vgl. Theis (2006), S. 227.

266 Vgl. o.V. (2007a).

267 Vgl. KPMG (2001), S. 32.

268 Vgl. KPMG (2001), S. 32.

eine Markenbekanntheit erleichtern aber einen Vertrieb übers Internet, Handelsmarken (z.B. *KiK*, *ALDI*) sind daher schlechter im Internet zu verkaufen.[269]

6.2 Aktuelle Situation im Bekleidungseinzelhandel

> *„Die vollständige Kontrolle über die Warenpräsentation, eine verbesserte Markenpflege und die direkte Kommunikation mit der Kundschaft sind wichtige Vorteile im eng umkämpften Textilmarkt."*[270]

Aufgrund einer Verzögerung bei der Veröffentlichung von Umsatzzahlen im BEH werden im folgenden Abschnitt die statistischen Zahlen aus dem Jahr 2005 verwendet.[271]

Schon seit vielen Jahren hat der Bekleidungseinzelhandel mit schrumpfenden Umsätzen zu kämpfen. Auch in den Jahren 2004 und 2005 war der Umsatz der Branche rückläufig.[272]

Insgesamt betrug der Umsatz des *gesamten Textileinzelhandels* 2005 rund 54,7 Mrd. Euro, dies entspricht einem Umsatzrückgang von ca. 1,03 % zum Vorjahr. Auch in den Jahren davor gab es durchgehend einen einstelligen Umsatzrückgang zu beklagen.[273] Gründe für diesen Umsatzrückgang könnten nach SCHRAMM-KLEIN in der Sättigung und zunehmenden Internationalisierung der Märkte liegen.[274] Des Weiteren hängen die Konsumausgaben für Bekleidung beim Verbraucher stark von der Konjunkturstimmung ab, die in den letzten Jahren sehr schlecht war.[275] Daher ist auch branchenübergreifend der Umsatz mit Bekleidung und Textilien seit vielen Jahren rückläufig. Abbildung 11 zeigt die Umsatzentwicklung von Bekleidung und Textilien im gesamten Einzelhandel in den Jahren 1995 bis 2004.

---

[269] Vgl. Bundesverband des Deutschen Textileinzelhandels e.V. (2003), S. 71ff.; TM Praxis (2007), S. 2. Wer z.B. *Lacoste* Polohemden online bestellt, weiß meist was er qualitativ erhalten wird.

[270] KPMG (2006), S. 60.

[271] Aktuelle und detaillierte Daten aus den Jahren 2006 oder 2007 waren entweder nur vorläufig, teilweise oder gar nicht vorhanden. Vgl. hierzu Bundesverband des Deutschen Textileinzelhandels e.V. (2007) oder siehe Anhang 1 auf S. 73 dieser Studie. Der BTE-Statistik-Report wird 1x jährlich im September/Oktober herausgegeben.

[272] Vgl. Bundesverband des Deutschen Textileinzelhandels e.V. (2007), S. 136.

[273] Zu weiteren Details der Umsatzstatistik im BEH siehe Anhang 1 auf S. 73 dieser Studie.

[274] Vgl. Schramm-Klein (2003a), S. 32.

[275] Vgl. Axel Springer AG (2003), S. 5f.

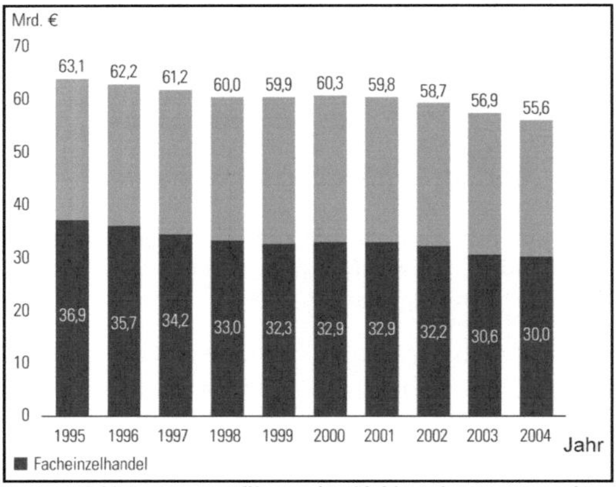

Abbildung 11: Umsatzentwicklung von Textilien und Bekleidung im gesamten deutschen Einzelhandel, Quelle: KPMG (2006), S. 57.

Dennoch scheint durch die aktuell optimistische gesamtwirtschaftliche Lage auch der BEH beeinflusst zu werden. Aufgrund günstiger Konjunkturanzeichen wird für die Jahre 2007 und 2008 nach vielen Jahren der Umsatzverluste erstmalig mit einem leichten Umsatzplus gerechnet.[276] Trotz aktueller Umsatzprobleme zeichnet sich der deutsche Bekleidungsmarkt jedoch im Vergleich zu anderen europäischen Staaten durch einen überdurchschnittlichen Modekonsum aus.[277] Entgegen der allgemeinen Umsatzrückgänge in den letzten Jahren verbuchten die sog. ‚Vertikalisten' im BEH weiterhin Umsatzsteigerungen. Als Vertikalisten werden Unternehmen bezeichnet, die ihre komplette Wertschöpfungskette (Supply Chain) selber kontrollieren, von der Produktion bis zum Verkauf. Dieser Unternehmenstyp bildet aufgrund seiner hohen Kontrolle der Wertschöpfungskette auch eine gute Ausgangslage für eine Multi-Channel-Strategie wie dem Brick&Click-Geschäftsmodell.

2005 umfasste der deutsche Bekleidungseinzelhandel 28.191 Unternehmen, die insgesamt einen Umsatz von 24,8 Mrd. € erwirtschafteten.[278] Dominierend war der Einzelhandel mit **Bekleidung ohne ausgeprägtem Schwerpunkt** (o.a.S.) mit 16.711 Unternehmen und einem Gesamtumsatz von 19,1 Mrd. €. Zu diesem Bereich zählen auch die großen Bekleidungsfilialisten wie *H&M*, *Zara* oder *Peek&Cloppenburg*. In dieser Sparte wurden 55 % des Umsatzes von den 21 umsatzstärksten Händlern erzielt. Der

[276] Vgl. ifo Institut für Wirtschaftsforschung (2007), S. 3.

[277] Vgl. Axel Springer AG (2003), S. 35.

[278] Vgl. im Folgenden ifo Institut für Wirtschaftsforschung (2007), S. 1-4.

meiste Umsatz wurde in dieser Kategorie demnach von den großen Vertikalisten generiert.

Im Einzelhandel mit **Damenoberbekleidung** (DOB) wurden 3,9 Mrd. € Umsatz von 7.439 Unternehmen erwirtschaftet. Hier ist die Unternehmenskonzentration weniger stark ausgeprägt, der Umsatz der kleineren Fachgeschäfte betrug ca. ein Viertel des Gesamtumsatzes mit DOB. Der Bereich Damenmode ist mit Abstand die wichtigste Sparte der Textilbranche.[279]

Auch bei der **Herrenbekleidung** (HAKA) haben kleinere Händler eine relativ starke Marktposition, 19 % des Umsatzes (1,3 Mrd. €) erzielten kleinere Händler mit einem Jahresumsatz von weniger als 0,5 Mio. Euro. Im kleinsten Segment **Kinder- und Säuglingsbekleidung** (KIKO) gab es 1.825 Unternehmen und einen Umsatz von 495,2 Mio. €, jedoch waren über 90 % der Händler kleinere Unternehmen mit einem geschätzten Jahresumsatz von unter 0,5 Mio. Euro.[280]

Der **Bekleidungsfachhandel** ist wichtigster Vertriebskanal für Mode, darunter fallen Betriebstypen wie das mittelständische Modegeschäft, die vertikalen Ketten (*H&M* u.a.) und die großen Filialisten wie *C&A*. Wichtigste Sparte innerhalb des Fachhandels sind die *Sortimenter* (Bekleidungshäuser wie *C&A*, *P&C*, *Karstadt*), danach folgen die Damenmode-Spezialisten.[281] Größter Wettbewerber des stationären Bekleidungsfachhandels ist der *textile Versandhandel*.[282]

Zudem befindet sich der Bekleidungseinzelhandel im *„fortschreitenden Prozess vertikaler Vernetzung"*[283]. Der Marktanteil der unabhängigen Einzelhändler ist in den letzten Jahren kontinuierlich gesunken, dominiert wird der Bekleidungsmarkt von den vertikal operierenden und international tätigen Handelsketten wie *H&M* oder *Zara*.[284] Zu beobachten ist eine zunehmende Marktkonzentration, von der einige wenige ‚Key-Player' profitieren: die zwanzig umsatzstärksten Unternehmen beherrschen den Bekleidungsmarkt mit einem Marktanteil von 51 %.[285] Nichtsdestotrotz

---

279 Vgl. Axel Springer AG (2003), S. 8.

280 Vgl. ifo Institut für Wirtschaftsforschung (2007), S. 1-4.

281 Vgl. Bundesverband des Deutschen Textileinzelhandels e.V. (2007), S. 184ff.

282 Vgl. Axel Springer AG (2003), S. 36; Bundesverband des Deutschen Textileinzelhandels e.V. (2007), S. 192.

283 ifo Institut für Wirtschaftsforschung (2007), S. 4.

284 Vgl. KPMG (2001), S. 9.

285 Vgl. KPMG (2006), S. 58. Zu einer Auflistung der größten Textileinzelhändler in Deutschland siehe Anhang 2 auf S. 74 dieser Studie.

ist der Bekleidungsmarkt hoch fragmentiert, daher ergeben sich immer wieder auch lohnenswerte Nischen für kleinere Anbieter.[286]

Des Weiteren erfolgt eine *Polarisierung des Marktes* in ‚High-Fashion'-Bekleidung und preisgünstiger Mode, d.h. Konsumenten bevorzugen zunehmend höherwertige Status-Marken (z.B. *BOSS*, *Armani*)[287] oder kaufen sehr preisgünstige Kleidung (z.B. bei *KiK* oder *ALDI*).[288] Dabei gewinnen Discounter den stationären Bekleidungshändlern zunehmend Marktanteile ab. Der Lebensmitteldiscounter *ALDI* war mit knapp 1,0 Mrd. Euro Textilumsatz der siebtgrößte Textilhändler im Jahre 2003.[289]

Die Mehrkosten im BEH durch steigende Personalkosten und Mieten bedrohen zunehmend die Existenz vieler kleiner und mittlerer Händler.[290] Jährlich geben ca. 5 % der Geschäfte im Textilhandel auf, meist sind dies kleine und Kleinstunternehmen. Grund dafür ist der zunehmende Wettbewerb mit den Bekleidungsfilialisten sowie der Preisdruck durch die Textildiscounter.[291] Jedoch zeigt eine Studie der *KPMG* auch, dass die Niedrigpreis-Strategien der Discounter kaum zu einer höheren Kundenbindung beitragen.[292] Eine intensivere Kundenbindung kann daher im BEH vor allem durch einen Zusatznutzen (wie z.B. das Anbieten mehrerer Kanäle für den Kunden) erreicht werden.

Die neuen Technologien sorgen mit ihrer schnellen Informationsverarbeitung auch für eine *Verkürzung von Trend- und Produktlebenszyklen* im BEH.[293] Die Geschwindigkeit der neuen Medien lässt internationale und nationale Modetrends viel schneller in die Gesellschaft diffundieren. Durch das Internet weiß der Konsument heute schon, was die Stars und Trendsetter gestern getragen haben. Dadurch erhöht sich auch die Anzahl der herausgebrachten Kollektionen pro Jahr auf dem Markt. Ständig wird neue Ware in die Läden gebracht, die großen Handelsketten produzieren bis zu zwölf Kollektionen pro Jahr.[294] Kleidung, die heute in den

---

286 Vgl. KPMG (2001), S. 33; Axel Springer AG (2003), S. 35.

287 Vgl. ifo Institut für Wirtschaftsforschung (2007), S. 2.

288 Vgl. KPMG (2006), S. 58.

289 Vgl. Axel Springer AG (2003), S. III.

290 Vgl. ifo Institut für Wirtschaftsforschung (2007), S. 2.

291 Vgl. Axel Springer AG (2003), S. 33.

292 Vgl. KPMG (2005), S. 10. u. 15. In der Studie von KPMG aus dem Jahr 2005 wurden von TNS Infratest auf der Basis unabhängiger Stichproben 1.000 Zielpersonen ab 14 Jahren aus mittleren und großen Städten telefonisch interviewt. Befragt wurden die Probanden nach ihrem textilen Einkaufsverhalten sowie ihrer Einstellung gegenüber verschiedenen Bekleidungsunternehmen.

293 Vgl. Lemke/Sander (2007), S. 371.

294 Vgl. Ahlert (2001), S. 10; Lewis/Bridger (2001), S. 65.

Handel gelangt, kann schon nach zwei Monaten wieder ,out' und damit schwer verkäuflich sein. Dieser Prozess der Beschleunigung wird in der Branche auch als *,Fast Fashion'* bezeichnet.[295]

Der stationäre Handel stellt die vorrangige Einkaufsstätte für Bekleidung dar. Knapp über 85 % des Umsatzes im Textileinzelhandel mit Bekleidung und Textilien werden in **stationären Betriebsformen** umgesetzt, der Versandhandel macht ca. 14 % des Umsatzes aus.[296] Im Jahre 1998 (zu Anfangszeiten des E-Commerce) lag der Anteil stationärer Betriebsformen am Gesamtumsatz im gesamten Einzelhandel noch bei ca. 96,1 %.[297] Bekleidung wird überwiegend also immer noch vor Ort im Geschäft gekauft, jedoch wächst der Anteil an online gekaufter Bekleidung kontinuierlich.

6.3 Besonderheiten des Handels mit Bekleidung

Die Besonderheiten des Bekleidungseinzelhandels ergeben sich aus den Besonderheiten des verkauften Produkts, d.h. aus der Warengattung Bekleidung. Neben dem Begriff *,Bekleidung'* oder *,Kleidung'* wird oft auch die Bezeichnung *,Mode'* oder *,Fashion'* verwendet.[298]

Bekleidung gilt als Ware und besitzt daher gebrauchstechnische, kulturelle und soziale Eigenschaften.[299] Dominante Produkteigenschaften sind aber meist die kulturellen und sozialen Eigenschaften der Bekleidung, daher gibt es beim Kauf von Bekleidung oft auch ein sog. *,soziales Kaufrisiko'*[300]. Zudem ist Bekleidung ein ,feeling good' und muss daher im Gegensatz zu einem meist standardisierten ,thinking good' (z.B. DVD-Player) vom Käufer qualitativ beurteilt werden können.[301] ,Feeling goods', werden

295 Vgl. Dobelmann/Haase (2007).

296 Vgl. Bundesverband des Deutschen Textileinzelhandels e.V. (2007), S. 136. Die Quelle gibt keinen Aufschluss darüber, ob der Online-Handel hier zum Versandhandel dazugezählt wird. Die durch den Online-Handel generierten Umsätze mit Bekleidung sind daher nur schwer zu ermitteln, da sie in den Statistiken oft nicht direkt auftauchen, sondern meist dem Stammgeschäft der Versandhandelsunternehmen oder des stationären Handels zugewiesen werden. Insofern ist hier eine genaue Bestimmung des Anteils des Online-Handels nur schwer möglich, vgl. ebd., S. 33f.

297 Vgl. EuroHandelsInstitut (2000), zitiert nach Dach (2002), S. 14. u. 16.

298 Der Begriff *Mode* (engl.: *Fashion*) bezeichnet allgemein eine kurzfristige Äußerung des Zeitgeistes. Da Bekleidung aber fast immer diesem Zeitgeist ausgesetzt ist, kann der Begriff *Mode* als Synonym für modische Bekleidung verwendet werden.

299 Vgl. Ahlert (1996), S. 40f.

300 Neue Kleidungstücke können z.B. als ,in' oder ,out' betrachtet werden. Der bekannte Spruch „Kleider machen Leute" veranschaulicht die soziale Wirkung von Bekleidung. Vgl. auch Schröder/Bohlmann (2007), S. 109.

301 Vgl. Schramm-Klein (2003a), S. 176.

auch als Erfahrungsgüter bezeichnet und vom Konsumenten oft erst nach ausführlicher Suche und Vergleich gekauft.[302]

Die Produkteigenschaften von Kleidung werden von jedem Konsumenten unterschiedlich wahrgenommen, z.B. aufgrund unterschiedlicher Einstellung zum Thema Mode. Während für manche Konsumenten Kleidung ein Standardprodukt ohne weitere Erklärungsbedürfnisse darstellt, existiert für andere bei Bekleidung ein hohes Informationsbedürfnis.[303] Einigen Konsumenten fällt es deswegen leichter, ein Kleidungsstück online zu kaufen als anderen. Für manche Konsumenten scheint daher ein Online-Shop für den Bekleidungskauf geeignet, während andere sich im stationären Handel besser bedient und informiert fühlen.[304]

Kleidung hat für die Mehrheit der Deutschen einen hohen Stellenwert, vor allem für Frauen ist Kleidung sehr wichtig.[305] Auch Männer der jüngeren Generation sind immer weniger Modemuffel und zeigen zunehmend mehr Interesse an Mode.[306] Während Frauen beim Bekleidungskauf vorwiegend *Impulskäufer* sind, können Männer meist als *Suchkäufer* bezeichnet werden.[307]

Da Bekleidung eine ‚emotionale Ware' darstellt, kann die Kaufentscheidung bei den meisten Konsumenten als eine extensive angesehen werden. Gerade bei extensiven Kaufentscheidungen ist es wichtig, dem Kunden mehrere Möglichkeiten der Information und des Kontaktes zu geben, wie dies in einem Multi-Channel-System der Fall ist. Kunden nutzen laut SCHRÖDER/ZAHARIA bei extensiven Entscheidungsprozessen überdurchschnittlich viele Kanäle eines Multi-Channel-Anbieters.[308]

---

302 Vgl. Armbruster Reif (2005), S. 45ff.

303 Vgl. Billen/Weiber (2007), S. 71.

304 Vgl. Billen/Weiber (2007), S. 72. Die Autoren teilen Konsumenten hier in ‚Problemlose' und ‚Erklärungsbedürftige' ein. Beide sind mit Multi-Channel-Vertriebssystemen optimal zu befriedigen.

305 Vgl. Axel Springer AG (2003), S. 45.

306 Vgl. Axel Springer AG (2003), S. 45.

307 Vgl. Axel Springer AG (2003), S. 49. Suchkäufe können im Internet meist schneller gemacht werden als im stationären Handel.

308 Vgl. Schröder/Zaharia (2007), S. 97ff.

6.4 Nutzung von Internet und E-Commerce im Bekleidungseinzelhandel

6.4.1 Nutzung des Internets in der Kommunikationspolitik

Verfügen Unternehmen bereits über eine Website, jedoch ohne Kaufmöglichkeit, wird diese auch *,Presence Site'* genannt. Solche Präsenzseiten dienen der Darstellung des Unternehmens im Internet.[309] Anbieter einer ausschließlichen Presence-Site im Modebereich sind z.B. die Unternehmen *C&A* und *Peek&Cloppenburg*.[310]

Oft findet auf solchen Presence-Webseiten **Cross-Promotion**[311] statt, die auch eine Kaufanbahnung im stationären Handel auslösen kann. Zu nennen sind hier die Möglichkeit zur Filialsuche sowie die Angabe der Öffnungszeiten. Oft werden auch Sonderaktionen angepriesen, die die Kunden in die Läden locken soll. Fast immer dient eine E-Mail-Adresse auf den Firmen-Webseiten als Kontaktmöglichkeit zum Unternehmen.

Die weitere Nutzung innerhalb der Kommunikationspolitik besteht in dem Versand eines regelmäßigen **Newsletters**[312] per E-Mail über das Internet. Kunden, die sich hierfür auf der Webseite eingetragen haben, erhalten regelmäßig Informationen und Angebote des Unternehmens per E-Mail. Einige Unternehmen bieten auch ein sog. *digitales Forum* auf ihrer Webseite an, in dem sich Kunden über Mode und andere Sachen austauschen können. All diese Kommunikations-Maßnahmen können zu einer *höheren Kundenbindung* beitragen. Die direkte Kommunikation mit den Kunden übers Internet verursacht dabei, aufgrund ihrer digitalen Technologie, im Vergleich zu anderen Marketing-Instrumenten nur geringe Kosten für das Unternehmen und ist schnell und flexibel einsetzbar.[313] Durch das Internet kann so die Kommunikationspolitik von Unternehmen effizienter gestaltet werden, darüber hinaus können Informationen über Bedürfnisse und Erwartungen der Konsumenten leichter gesammelt werden.[314] Die Internet-Nutzung ist auch bei vielen Unternehmen im BEH

---

309 Vgl. Burgard (2006), S. 73f.

310 Siehe hierzu die Webseiten *www.cunda.de* sowie *www.peek-und-cloppenburg.de*, Stand: 24.03.08.

311 Unter *Cross-Promotion* versteht man die wechselseitige Bewerbung unterschiedlicher Absatz-Kanäle eines Unternehmens.

312 Als *Newsletter* bezeichnet man den elektronischen Versand von Firmen- oder Produktinformationen per E-Mail an Abonnenten desselben.

313 Vgl. Burgard (2006), S. 89.

314 Vgl. Müller-Hagedorn/Wierich (2002), S. 108.

zum Standard geworden. Dennoch verfügen Unternehmen des BEH im Vergleich zu anderen Branchen relativ selten über eine eigene Website.[315]

6.4.2 E-Commerce und Bekleidung

Bekleidungsartikel sind im Internet nicht optimal darstellbar, da haptische bzw. taktile Produkteigenschaften nicht dargestellt bzw. vom Konsumenten nicht überprüft werden können, diese aber von großer Bedeutung sind beim Kauf von Bekleidung.[316] Die Warenqualität von Bekleidung ist gerade bei einem Distanzkauf wie im Falle des E-Commerce ein kritischer Faktor.[317] Sucheigenschaften wie Passform, Schnitt, Farbe oder Material sind bei Bekleidung im Internet nur schwer einzuschätzen, daher wandelt sich das *‚Suchgut'* Bekleidung im stationären Handel zu einem *‚Erfahrungsgut'* im Online-Handel.[318] Eine Passform kann zwar beschrieben werden (‚eng geschnitten'), eine Beschreibung stellt aber nur ein *Informationssubstitut* dar und wird vom Kunden daher nur als unvollständige Produktinformation wahrgenommen.[319]

Obwohl Bekleidung als kaum digitalisierbare Ware daher ungeeignet erscheint für den Verkauf über das Internet, kann dies anhand der Verkaufsstatistiken von Bekleidung im Internet widerlegt werden. Denn Bekleidung ist bei den Online-Shoppern sehr beliebt: Bekleidung ist die umsatzstärkste Warenkategorie im Onlinehandel.[320] Abbildung 12 zeigt die umsatzstärksten Warengruppen im Online-Handel.

---

315 Bei einer Studie des ECC Handels aus dem Jahre 2006 wurden Handels-Unternehmen nach ihrer Internetnutzung befragt. Von 93 befragten Unternehmen aus der Bekleidungsbranche verfügten nur 59,1 % über eine eigene Website, vgl. Hudetz/Duscha (2006), S. 74. Siehe hierzu auch: Bundesverband des Deutschen Textileinzelhandels e.V. (2003), S. 65; Hudetz/Hans/Tanaskovic (2005), S. 28. und 69.

316 Vgl. Dach (2002), S. 119.

317 Vgl. KPMG (2001), S. 32.

318 Während bei *Suchgütern* die Qualität vor dem Kauf überprüft werden kann, ist bei *Erfahrungsgütern* die Qualitätsprüfung erst nach dem Kauf möglich, vgl. Schröder/Bohlmann (2007), S. 111.

319 Vgl. Dach (2002), S. 120; Billen/Weiber (2007), S. 55f.

320 Vgl. Bundesverband des Deutschen Versandhandels e.V. (2007a), S. 17.

Abbildung 12: Die umsatzstärksten Produktkategorien im Internet Quelle: TM Praxis (2007), S. 3.

Nach Warengruppen betrachtet wird im Internet am meisten Geld für Bekleidung, Textilien und Schuhe ausgegeben: 2007 sind Online-Umsätze in dieser Warengruppe in Höhe von 3,9 Mrd. Euro prognostiziert, dies bedeutet ein Umsatzwachstum von 40 % im Vergleich zum Jahr 2006 (2,8 Mrd. Euro).[321] 2006 machte dieser Online-Umsatz mit Bekleidung knapp mehr als ein Viertel des Gesamtumsatzes mit Waren im Internet aus.[322] Auch bei *eBay* stellt Bekleidung die am meisten gekaufte Warengruppe dar, laut *eBay*-Informationen wird jede Sekunde über *eBay* ein Kleidungsstück verkauft.[323]

Nach einer Studie der *Arbeitsgemeinschaft Online Forschung (AGOF) e.V.* beträgt die *Conversion-Rate*[324] im Internet von Mode 60 %, das bedeutet, dass mehr als die Hälfte der Online-Nutzer, die nach Informationen über Modeprodukte suchen, letztendlich auch Artikel im Internet kaufen. Nur bei Lotteriespielen (69 %) und Büchern (67 %) ist diese Quote höher.[325]

Trotz der hohen Umsatzzahlen mit Bekleidung im Internet ist die Bekleidungsbranche dem Thema E-Commerce gegenüber eher vorsichtig eingestellt.[326] Viele Textilhändler haben immer noch Zweifel an der Eignung

---

321 Vgl. ebd., S. 17.

322 Vgl. ebd., S. 17.

323 Vgl. o.V. (2007b). Die Quelle legt nicht offen, ob es sich bei der Statistik um eBay Deutschland oder eBay weltweit handelt

324 Als *Conversion-Rate* bezeichnet man die Umwandlungsquote von Online-Informationssuchenden zu Online-Käufern, siehe hierzu auch: Arbeitsgemeinschaft Online Forschung (AGOF) e.V. (2007), S. 31.

325 Vgl. Arbeitsgemeinschaft Online Forschung (AGOF) e.V. (2007), S. 31.

326 Vgl. KPMG (2001), S. 11.

von Bekleidung für den Online-Handel,[327] diese Skepsis scheint jedoch angesichts der Absatzzahlen von Bekleidung im Online-Geschäft (siehe Abb. 12) unbegründet zu sein. Am meisten Sorge haben die Händler vor zu hohen Einführungskosten und zu hohen laufenden Kosten.[328] Auch sehen viele Händler kein großes Potential im Internet, da sie der Meinung sind, ihre Kunden wünschten keinen Online-Vertrieb.[329]

HUDETZ/DUSCHA kommen in ihrer Handels-Studie 2006 zu dem Schluss, *„dass sich der E-Commerce im Bekleidungseinzelhandel noch nicht etabliert hat"*[330]. Abbildung 13 verdeutlicht den unterdurchschnittlichen Einsatz von E-Commerce im BEH verglichen mit anderen Branchen des Einzelhandels.

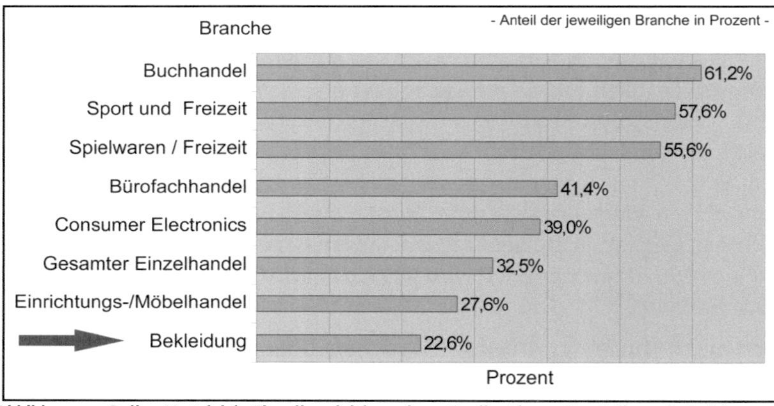

Abbildung 13: Online-Vertrieb in Einzelhandelsbranchen, Quelle: Eigene Darstellung, in Anlehnung an: Hauptverband des Deutschen Einzelhandels (2007): HDE-Zahlenspiegel 2007. Daten zum Einzelhandel in Deutschland, Berlin, S. 34.

[327] Vgl. Bundesverband des Deutschen Textileinzelhandels e.V. (2003), S. 64; Hudetz/Duscha (2006), S. 11 u. 73.

[328] Vgl. Hudetz/Duscha (2006), S. 73; van Baal (2007b).

[329] Vgl. van Baal (2007b).

[330] Hudetz/Duscha (2006), S. 75. Siehe hierzu auch: Bundesverband des Deutschen Textileinzelhandels e.V. (2003), S. 60ff.

6.5 Brick&Click - Marketing im Bekleidungseinzelhandel

„Das Verrückte ist, dass sich kein Einzelhändler die Zeit nimmt, genau zu definieren, was sein Unternehmen eigentlich macht."[331]

6.5.1 Bisherige Verbreitung und Anwendung von Brick&Click

In der deutschen Modebranche setzen rund 45 % der TOP 30 Textileinzelhandels-unternehmen Multi-Channel-Systeme ein.[332] Laut einer Studie des ECC Handels boten im Jahre 2004 rund 34,8 % der Bekleidungseinzelhändler ihre Produkte über das Internet an, 2002 lag diese Zahl noch bei 19,4 %.[333]

Dennoch gibt es bisher kaum Studien, die sich mit der Verbreitung der *einzelnen Erscheinungsformen des MCM* befassen. Über die zahlenmäßige Verbreitung des Geschäftsmodells Brick&Click im BEH kann daher nur spekuliert werden, hierzu gibt es (noch) keine statistischen Zahlen. Besonders bei KMU ist die Verbreitung von Brick&Click nur schwer empirisch überprüfbar, da viele Unternehmen bisher nur lokal bekannt waren und im Internet daher ohne national bekannten Markennamen nur schwer recherchierbar sind. Für eine genaue quantitative Analyse der Erscheinungsformen des MCM im BEH müsste daher explorativ geforscht werden. Nach eigener Recherche konnten folgende Bekleidungsketten in Deutschland ermittelt werden, die das Geschäftsmodell Brick&Click verwenden (Siehe Tabelle 2, Unternehmen in alphabetischer Reihenfolge):[334]

---

[331] Michael Boyd, Director CRM beim Mode-Unternehmen *Eddie Bauer*, zitiert nach: O.V. (2008a).

[332] Vgl. Schramm-Klein (2003a), S. 42.

[333] Vgl. van Baal (2007b).

[334] Die aufgeführte Recherche hat keinen Anspruch auf Vollständigkeit, sondern führt lediglich explorativ einige Beispielfirmen im BEH auf, die das Geschäftsmodell Brick&Click anwenden.

Unternehmen	Herkunftsland	Online-Shop	Anzahl der Filialen in Deutschland
American Apparel	USA	http://store.americanapparel.eu	14
Esprit	USA	http://www.esprit.de	117
H&M	Schweden	http://www.hm.com/de	303
Mango	Spanien	http://www.mangoshop.com	43
Mexx	Niederlande	http://www.mexx.com	115
Orsay	Deutschland	http://www.orsay.com	245
Pimkie	Frankreich	http://www.pimkie-shop.com	167
s.Oliver	Deutschland	http://www.soliver.de	45
Zero	Deutschland	http://www.zero.de	135

Tabelle 2: Brick&Click-Unternehmen im deutschen Bekleidungseinzelhandel, Quelle: Eigene Darstellung.

Alle in Tabelle 2 genannten Unternehmen waren zuerst nur stationär im Handel aktiv, bevor sie das Internet als zusätzlichen Absatzkanal einführten. Des Weiteren sind alle genannten Unternehmen im sog. ‚Young-Fashion'-Segment tätig, d.h. alle sprechen eine eher junge Zielgruppe an. Ebenso sind alle aufgeführten Unternehmen als ‚Vertikalisten' einzustufen, d.h. alle führen eine Monolabel-Strategie und verkaufen ihre Produkte meist unter einer Dachmarke. Hierin unterscheiden sich diese Firmen vom normalen Einzelhändler, der meist eine Auswahl an verschiedenen Marken in seinem Laden anbietet. Der amerikanische Bekleidungsmarkt ist in Sachen Online-Handel und Brick&Click-Marketing wesentlich weiter entwickelt: das Unternehmen *American Eagle*, ein Pendant zum europäischen Einzelhändler *H&M*, ist dort Marktführer im Bereich ‚Young Fashion' und verfügt über ein weites, nationales Filialnetz sowie über einen integrierten Online-Shop.[335] Auch die Anbieter *GAP* (Classic Fashion), *PacSun* (Surf- und Skate-Bekleidung), *Abercrombie&Fitch* (Young Fashion) und *Hollister* (Young Fashion) verwenden ein Brick&Click-Geschäftsmodell.[336]

---

335 Siehe hierzu die Webseite des Unternehmens American Eagle: *www.ae.com*, Stand: 27.03.08.

336 Siehe auch hier die Webseiten der Unternehmen: *www.gap.com*, *www.pacsun.com*, *www.abercrombie.com*, *www.hollisterco.com*, Stand: 27.03.08.

6.5.2 Chancen und Risiken für den stationären Modehandel

> *„Der zu erwartende Nutzen komplexer Multikanalaktivitäten ist vom spezifischen Kontext eines Einzelhandelsunternehmens (...) abhängig."*[337]

Da Brick&Click-Marketing eine Erscheinungsform des MCM darstellt, gelten analog die Chancen und Risiken von MCM auch für das Brick&Click-Marketing.[338] Daneben gelten für den *stationären BEH* besondere Chancen und Risiken, die im Folgenden erläutert werden.

<u>**Chancen**</u>

Bessere Kommunikation mit den Kunden

Das Internet birgt vor allem für die Kommunikationspolitik von Unternehmen große Chancen. Bisher waren die Möglichkeiten der Kommunikation mit dem Kunden für den stationären Modehandel relativ beschränkt.[339] Durch die Integration des Internets sind in der Kommunikationspolitik völlig neue Möglichkeiten der orts- und zeitunabhängigen Kommunikation mit dem Kunden möglich (z.B. One-to-One-Marketing, Newsletter-Marketing). Da der BEH in Sachen Internet-Einsatz noch hinterher hinkt, ist der verstärkte Einsatz des Internets als Informations- und Kommunikationsinstrument eine Chance, die Kundenkommunikation zu verbessern und so Kunden mehr ans Unternehmen zu binden.

Gerade im BEH entsteht durch die häufigen Kollektions-, Saison- und Trendwechsel eine Vielzahl an neuen Produktinformationen, die mit einer aktuellen und informativ gestalteten Webseite optimal und schnell an den Kunden weitergeleitet werden können. Durch eine bessere kommunikative ‚Betreuung' des Kunden kann so auch die Kundenfrequenz im stationären Geschäft erhöht werden.[340]

Beispielsweise kann der Kunde durch einen regelmäßig versendeten Newsletter über neue Produkte und Moden informiert werden, ohne dass er den Weg in den Laden antreten muss. Des Weiteren kann der Kunde auch online in der Lage sein, die kommende Kollektion anzuschauen, die erst später in die Läden kommen wird. So wird im Internet ein Extra-

---

337 Müller-Lankenau (2007), S. 281.

338 Zu den Chancen und Risiken des Multi-Channel-Marketing siehe Punkt 4.3 auf S. 32 dieser Studie. Einige Chancen und Risiken sind nicht primär branchenspezifisch sondern unternehmensspezifisch und werden daher hier nicht weiter behandelt.

339 Die Kommunikation mit dem Kunden im stationären Handel findet hauptsächlich nur beim Besuch des Kunden im Laden selber statt.

340 Als Kundenfrequenz wird hier die Anzahl der Besuche eines einzelnen Kunden im Geschäft bezeichnet.

Nutzen für den Kunden aufgebaut. Vor allem aufgrund der steigenden Wettbewerbsintensität ist es im BEH zunehmend wichtiger geworden, die vorhandenen Kunden an sein Unternehmen zu binden.[341] Durch eine direkte Kommunikation mit dem Kunden via Internet kann dies optimiert werden.

Markterweiterung

Sowohl die großen Bekleidungsketten als auch KMU können von der großen Reichweite des Internets als Absatzkanal profitieren. Während für die internationalen Vertikalisten der Online-Kanal neben der bisherigen Strategie der Filialisierung eine weitere *Expansionsstrategie* darstellt,[342] kann die Erweiterung auf einen Online-Shop für stationäre KMU als eine mögliche *Wachstumsstrategie* mit geringeren Kostenrisiken gesehen werden, als z.B. die Anmietung eines größeren Ladengeschäftes. Ein zusätzlicher Online-Shop sorgt zudem automatisch für eine mindestens nationale Marktabdeckung mit vergleichsweise geringen Fixkosten. Zusätzlich kann durch den digitalen, quasi unbegrenzten Speicherplatz die ‚Regalfläche' des Unternehmens beträchtlich gesteigert werden. Dies ist gerade für KMU im BEH von Vorteil, da diese meist nur über eine kleine und begrenzte Regalfläche für ihre Waren verfügen.

Erlangung von Kundendaten

Bisher war es im stationären BEH kaum möglich, qualitative Kundendaten zu generieren. Durch die meist anonyme Zahlung im stationären Handel konnte der Mode-Einzelhandel bisher die wenigen Kundendaten kaum für ein strategisches Marketing und Kundenmanagement nutzen. Durch den Online-Handel innerhalb eines Brick&Click-Geschäftsmodells können Unternehmen automatisch Kunden-Daten sammeln, da der Kunde diese bei einer Bestellung angeben muss. Diese Daten können dann zu einer Optimierung der Kundenbeziehungen beitragen.[343] Aufgrund von *zunehmend multioptionalen Mode-Kunden* und einer *hohen Marktdynamik* ist gerade im BEH detailliertes Wissen über die aktuellen und zukünftigen Erwartungen und Bedürfnisse der Kunden eine zentrale Grundlage für eine erfolgreiche Marktbearbeitung.[344] Dabei kann der stationäre Einzelhandel z.B. durch ein offline *und* online nutzbares Kundenkonto (Loyalty-

---

[341] Vgl. Bruhn/Hadwich/Rueff (2007), S. 130f.

[342] Vgl. Axel Springer AG (2003), S. 28.

[343] Vgl. Schröder/Schettgen (2002), S. 21f.

[344] Vgl. Schröder/Schettgen (2002), S. 21f.

Programm[345]) ein dem Wettbewerb überlegenes Kundenwissen erlangen.[346]

Kosteneinsparungen durch Synergien

Besonders die großen Vertikalisten im BEH können durch Synergieeffekte im Back-End-Bereich Kosten sparen. Im Gegensatz zu den *Pure Playern* kann der stationäre Bekleidungseinzelhandel beim Brick&Click-Marketing durch den Einsatz von zwei Absatzkanälen Synergien erzeugen und so Kosteneinsparungspotential durch gemeinsame Nutzung der Ressourcen realisieren. Zudem können auch die positiven Wechselwirkungen zwischen stationärem und Online-Kanal (z.B. Kaufanbahnung im jeweils anderen Kanal) genutzt werden, die im BEH bisher weitgehend unterschätzt werden.[347] Neben den Synergien auf Unternehmensseite können auch die Konsumenten im Rahmen ihrer Einkaufsprozesse solche Synergieeffekte nutzen und so z.B. ihre Transaktionskosten reduzieren.[348]

Einstieg in den Versandhandel-Markt

Da der Versandhandel der größte Konkurrent des stationären Handels im BEH ist,[349] kann der stationäre Bekleidungshandel durch einen zusätzlichen Online-Kanal dem klassischen Versandhandel auf seinem Gebiet Konkurrenz machen und diesem gegebenenfalls Marktanteile abgewinnen. Bekleidung ist im Versandhandel die umsatzstärkste Produktkategorie und stellt daher einen *neuen Markt mit hohem Potential* dar. Durch einen zusätzlichen Online-Kanal kann sich der stationäre Modehandel am ‚boomenden' (wachsenden) Online-Handel beteiligen. Gegenüber anderen Anbietern hat der stationäre Bekleidungshandel dabei einen *Vertrauensvorteil* durch seine bereits bestehende Präsenz beim Konsumenten. Dabei kann durch das bereits vorhandene Vertrauenskapital das subjektive Kaufrisiko beim Konsumenten im Internet reduziert werden. Mögliche anfängliche Verluste im Online-Kanal können durch den Umsatz im stationären Kanal abgefangen und gegebenenfalls neutralisiert werden (*Risikostreuung*). Umso jünger die Zielgruppe des Unternehmens ist, umso erfolgreicher kann eine Online-Strategie umgesetzt werden, da bei jüngeren Kunden meist weniger Vorbehalte bezüglich der Internetnutzung vorhanden sind.

---

345 Loyalty-Programme stellen Kundenbindungsmaßnahmen eines Unternehmens dar, ein Beispiel ist hier z.B. die Kundenkarte oder ein Online-Kunden-Account

346 Vgl. Krings (2002), S. 421.

347 Vgl. Bundesverband des Deutschen Textileinzelhandels e.V. (2003), S. 65.

348 Vgl. Schramm-Klein (2002), S. 27.

349 Siehe Punkt 6.2 auf S. 49 dieser Studie.

Chancen für KMU

Die neuen innovativen Vertriebskanäle stellen auch eine Chance für mittelständische Händler oder Selbstständige dar. Oft werden die neuen Kanäle zwar von den großen Handelsketten betrieben, dennoch entstehen in diesem Umfeld auch *Nischen* für kleinere Anbieter. Diese Lücken kann der mittelständische Bekleidungshandel durch innovative Konzepte in Form von Online-Shops oder anderen E-Commerce-Lösungen erfolgreich schließen.[350] Im BEH gibt es zunehmend auch Kunden, bei denen der Preis für die Kaufentscheidung eher nachrangig ist.[351] Daher können auch Mittelständler im deutschen Bekleidungsmarkt erfolgreich sein, wenn sie ihre Zielgruppen genau definieren, ihre Läden und Sortimente konsequent darauf ausrichten und ihre Häuser zur Marke machen.[352] Durch die Konzentration auf eine Nische (z.B. Mode für Übergrößen, spezielle Designer, etc.) können KMU mit dem Internet als neuen Absatzkanal sowohl neue Kunden gewinnen als auch Stammkunden besser binden, in dem sie beispielsweise neue Ware per Newsletter (*Permission Marketing*[353]) oder auf ihrer Website ankündigen. Wichtig für KMU ist dabei ein klar abgegrenztes Sortiment sowie ein Alleinstellungsmerkmal (USP)[354] des Unternehmens.[355]

Zudem ist ein erfolgreicher Einsatz von E-Commerce-Technologie heute primär keine Frage der Unternehmensgröße mehr.[356] Auch KMU können von der neuen Technologie profitieren und Wettbewerbsvorteile realisieren. Jedoch sind bei KMU *mangelndes Know-How* im Umgang mit den neuen Technologien (Internet) und *ungeeignete organisatorische Strukturen* die größten Problembereiche.[357]

Als Alternative zum eigenen Online-Shop für KMU im BEH kann daher *eBay* gesehen werden. Für viele Klein- und Kleinstunternehmen ist oft ein Händler-Account bei *eBay* der bessere Kanal für einen Online-Handel, da

---

350 Vgl. Swoboda/Janz (2001), S. 14.

351 Vgl. ifo Institut für Wirtschaftsforschung (2007), S. 2.

352 Vgl. Bauer (2001), S. 55; o.V. (2001), S. 120.

353 *Permission Marketing* verlangt die Einwilligung des Empfängers, wie z.B. beim Versand eines elektronischen Newsletters an Abonnenten.

354 Die Abkürzung *USP* steht für ‚Unique Selling Proposition' und bezeichnet Leistungsmerkmale, mit denen sich das Unternehmen von der Konkurrenz abheben möchte.

355 Wer Produkte anbietet, die es woanders auch gibt, wie z.B. bei *Quelle*, gewinnt kaum neue Kunden, vgl. TM Praxis (2007), S. 2.

356 Vgl. KPMG (2001), S. 13.

357 Vgl. KPMG (2001), S. 24.

dieser weniger Aufwand und Kosten bedeutet.[358] Auch können Restposten und Lagerware hier optimal verwertet und so gleichzeitig Regalplatz für neue Ware geschafft werden.

Chancen für große Unternehmen

Vor allem die marktbeherrschenden Vertikalisten können ihre *Kernkompetenzen* (schnelle Produktion und Lieferung von aktuellen Modetrends) durch die Integration des Internets als neuen Absatzkanal optimieren.[359] Zudem müssen Monolabel-Marken im BEH kaum Probleme mit direkter Konkurrenz im Internet fürchten, da ihre Markenprodukte meist nur durch sie selber vertrieben werden. Allenfalls können Produkte gleicher Art (z.B. weiße Hemden) mit denen anderer Hersteller verglichen werden. Jedoch haben die großen Vertikalisten dabei durch ihre bereits stationär gesammelte Reputation einen Vertrauensvorteil beim Online-Konsumenten. Bekannte Marken wie die *großen Filialisten* und *Vertikalisten* sollten daher einen eigenen Online-Shop errichten, bei dem die Marke als *zentrales Widererkennungsmerkmal* im Mittelpunkt steht.[360] Multi-Label-Bekleidungshäuser (z.B. *C&A*) dagegen können nur durch eine *stärkere Kundenfokussierung* und eine *Differenzierung über Service und Sortiment* ihre Position im deutschen Textileinzelhandel halten oder sogar ausbauen.[361] Hierbei bietet sich jedoch auch eine Online-Strategie als Instrument an.

Risiken

Kannibalisierung

Eine Kannibalisierung stellt *kein besonderes Risiko* bei einem Brick&Click-Marketing im BEH dar, weil die Kannibalisierungswahrscheinlichkeit der Produktgruppe Bekleidung nicht als besonders hoch einzustufen ist. In einer Studie des ECC Handel lag die Kannibalisierungswahrscheinlichkeit von Bekleidung knapp über dem Gesamtdurchschnitt. Daher scheint es, entgegen vieler Befürchtungen im Handel, kein besonderes Kannibalisierungsrisiko beim Online-Handel mit Bekleidung zu geben.[362]

---

358 Vgl. Hudetz/Duscha (2006), S. 75.

359 Vgl. KPMG (2001), S. 24.

360 Vgl. Güttler (2001), S. 39; Billen/Weiber (2007), S. 63.

361 Vgl. KPMG (2006), S. 58.

362 In der Studie des ECC HANDEL aus dem Jahr 2004 wurden 932 Online-Shopper nach ihrem Einkaufsverhalten befragt. Bei der Produktgruppe Bekleidung wurde eine Kannibalisierungs-Wahrscheinlichkeit von 39,3 % errechnet. Dies bedeutet, dass knapp 40 % der Online-Umsätze einen kannibalisierten Umsatz und die restlichen 60 % einen Mehrumsatz für das Unternehmen darstellen. Die durchschnitt-

Schramm-Klein, Engberding/Wastl und Van Baal/Hudetz kommen zudem in ihren Studien alle zu dem Ergebnis, dass ein zusätzlicher Online-Shop die Umsätze des Unternehmens *nicht kannibalisiert*, sondern wesentlich zu einem *Mehrumsatz* beiträgt.[363] Daher kann davon ausgegangen werden, dass eventuelle Kannibalisierungseffekte durch weitere Netto-Mehrumsätze neutralisiert bzw. überlagert werden.

Vor allem KMU befürchten oft eine Kannibalisierung, z.B. wenn sie Cross-Promotion anwenden, um beide Kanäle zu bewerben.[364] Diese Angst ist jedoch unbegründet, da Cross-Promotion meist eher zu Mehrumsätzen führt und zugleich einen wichtigen Bestandteil einer integrativen Brick&Click-Strategie darstellt.

Rücksendungen

Im Versandhandel mit Bekleidung ist vor allem die *hohe Rücksendequote* ein großes Problem.[365] Die durchschnittliche Retourenquote im Bekleidungsversandhandel liegt zwischen 40-60 % der versendeten Bestellungen. Diese Zahl ist, verglichen mit anderen Branchen, als sehr hoch anzusehen.[366] Rund 60 % dieser Retouren im Bekleidungsversandhandel sind auf *falsche Passformen* zurückzuführen.[367] Der Grund für diese hohe Quote ist die nur begrenzte Darstellungsmöglichkeit von relevanten Produkteigenschaften (z.B. Passform) durch Medien (Katalog bzw. Internet). Dadurch entsteht beim Bekleidungs-Konsumenten eine relativ hohe Qualitätsunsicherheit.[368] Diese kann teilweise durch eine verbesserte Produktdarstellung (z.B. 3D-Ansichten, Zoom-Funktion, detailgenaue Beschreibung der Passform) reduziert werden. Des Weiteren können durch vertrauensbildende Maßnahmen wie kulanten Rückgaberegeln oder einer Rückgabemöglichkeit vor Ort Qualitäts- und somit Kaufunsicherheiten beim Konsumenten reduziert werden.

---

liche Kannibalisierungswahrscheinlichkeit der Studie lag bei 37,3 %. Vgl. hierzu: van Baal (2007b).

363 Vgl. Schramm-Klein (2002), S. 28; Engberding/Wastl (2003), S. 149; van Baal/Hudetz (2004), S. 7.

364 Vgl. TM Praxis (2007), S. 3.

365 Vgl. Hudetz/Hans/Tanaskovic (2005), S. 56; Theis (2006), S. 228. Der Versandhandel sowie auch der Online-Handel sind an das *Fernabsatzgesetz* gebunden, das den Konsumenten ein 14-tägiges Rückgaberecht garantiert. Die Kosten für Rücksendungen sind dabei ab einem bestimmten Warenwert vom Unternehmen zu tragen. Vgl. hierzu Hertel/Zentes/Schramm-Klein (2005), S. 165ff.

366 Vgl. Zentes/Schramm-Klein (2007), S. 468.

367 Vgl. KPMG (2001), S. 30.

368 Je höher der Preis des Produktes ist, desto höher fällt meist die Qualitätsunsicherheit beim Konsumenten aus. Zu vergleichen wäre hier der Kauf eines weißen T-Shirts mit dem eines teuren Mantels.

Gerade bei Reklamationen oder Umtäuschen im Bekleidungssektor ist es wichtig, dem Kunden einen *stationären Ansprech- und Servicepartner* zu geben, da dies erheblich ein subjektives Kaufrisiko beim Kunden minimieren kann.[369] Zusätzlich können durch die *Rückgabe in einer Filiale* die Rücksendekosten insgesamt gesenkt und der Aufwand bei einer Rücksendung minimiert werden, da hier die Rücklieferung vom Kunden selber übernommen wird.

Zielgruppen ohne Internet-Affinität

Der Erfolg eines neuen Online-Absatzkanals hängt vor allem auch von der *Akzeptanz der Konsumenten* ab. Neben den Produkteigenschaften entscheiden auch die Medien-Nutzungsmuster bzw. das Kaufverhalten der Konsumenten über einen Erfolg oder Misserfolg im Netz. Hierbei besteht das Risiko, dass die angestrebte Zielgruppe die Einkaufsmöglichkeit übers Internet nicht nutzt. Dies kann verschiedene Gründe haben, ausschlaggebend ist meist jedoch eine fehlende *Affinität* zum Internet.[370] Je jünger die angestrebte Zielgruppe ist, desto selbstverständlicher ist meistens der Umgang mit dem Internet. So stellt z.B. die Zielgruppe des ‚Young-Fashion'-Marktes im BEH kein Risiko dar, da diese überwiegend aus jüngeren Menschen im Alter von ca. 16-25 Jahren besteht, für die das Internet ein täglich genutztes und somit vertrautes Medium darstellt. Stellt das Internet aber ein neues, eher unbekanntes Medium für die Zielgruppe dar (z.B. bei älteren Menschen, die nicht mit dem Medium aufgewachsen und so weniger damit vertraut sind), so ist die Wahrscheinlichkeit einer Nicht-Nutzung des Online-Kanals umso höher.

Des Weiteren scheint auch für Discounter-Kunden von Bekleidung (z.B. *KiK*, *ALDI*) ein Internet-Verkauf aufgrund *fehlender Marken-Effekte* und *Niedrigpreis-Fokussierung* (d.h. hohe Qualitätsunsicherheit beim Konsumenten) keine Anreize zum Online-Kauf zu geben. Daher sollte vor Einführung eines Online-Absatzkanals im BEH eine detaillierte Zielgruppen-Analyse unter Berücksichtigung des Mediennutzungsverhaltens der Konsumenten stattfinden.

---

369 Vgl. Schröder/Bohlmann (2007), S. 115.

370 Der Begriff ‚Affinität' steht für eine gewisse ‚Verbundenheit' mit Etwas. Für Internet-affine Menschen ist die Nutzung des Internets eine Selbstverständlichkeit, der Umgang damit ist vertraut und eine normale Tätigkeit. Jüngere Menschen haben meist mehr Affinität zum Internet als ältere Menschen, obwohl es auch bereits eine neue Generation von ‚Silver Surfern', d.h. älteren Internet-Nutzern gibt.

6.5.3 Das Beispiel *H&M*

Das Unternehmen *H&M (Hennes & Mauritz)* ist ein schwedischer Bekleidungshändler und internationaler Filialist. Es stellt eine Mischform von Hersteller- und Handelsunternehmen dar.[371]

H&M ist Europas größter Bekleidungshändler, das Unternehmen machte im Geschäftsjahr 2006/2007 weltweit einen Umsatz von rund 8,28 Milliarden Euro.[372] Zweitgrößter europäischer Händler ist die spanische Unternehmensgruppe *Inditex* (*Zara*, *Massimo Dutti*), weltweit ist nur die US-Firma *GAP* größer (14,5 Mrd. Dollar Umsatz in 2002).[373] Deutschland ist mit einem Umsatzanteil von 30 % am Gesamtumsatz des Unternehmens der wichtigste Markt für *H&M*.[374] Das Unternehmen *H&M* gilt als *„weltbester Kopierer"*[375] im Modebereich. Das Konzept des Unternehmens ist preisgünstige, modisch topaktuelle Mode mit schnellen Kollektionswechseln.[376] Zielgruppe von *H&M* ist vor allem die überwiegend junge, modisch orientierte Klientel, d.h. der ‚Young Fashion'-Bereich.[377] Angeboten wird trotzdem das komplette Bekleidungsspektrum, vom Säuglings-Outfit bis zu Übergrößen. Der Preis ist meist das Hauptargument, dennoch ist die Qualität der Produkte nicht schlecht, aber zweitrangig.[378] *H&M* gilt als sog. ‚Vertikales Unternehmen', d.h. die gesamte Wertschöpfungskette wird vom Unternehmen kontrolliert. Dadurch kann sehr schnell auf Trends reagiert werden, ca. zwölf Kollektionen pro Jahr (üblich sind vier im normalen Modemarkt) bringt *H&M* auf den Markt. Größter Konkurrent von *H&M* in Deutschland ist das Unternehmen *s.Oliver*. Dieses verkauft seine Bekleidungsartikel neben dem stationären Geschäft auch über das Internet.

Im August 2007 hat *H&M* seinen aus mehr als 300 Filialen bestehenden stationären Kanal um einen eigenen Online-Shop erweitert und verkauft

---

371 *H&M* lässt im Auftrag im Ausland (u.a. Türkei, Bangladesh) produzieren und gilt daher nicht als Hersteller, vgl. Axel Springer AG (2003), S. III.

372 Vgl. o.V. (2008b).

373 Vgl. Axel Springer AG (2003), S. 29.

374 Vgl. TW Network (2008).

375 Axel Springer AG (2003), S. 29. Kopiert werden die internationalen Designer, um dann diese Trends möglichst günstig sowie zeitnah der breiten Masse an Konsumenten zugänglich zu machen.

376 Vgl. Axel Springer AG (2003), S. 29.

377 Vgl. Axel Springer AG (2003), S. 28.

378 Zu weiteren Informationen über ‚Vertikale' im Modemarkt vgl. Axel Springer AG (2003), S. 28.

seitdem sehr erfolgreich *H&M*-Bekleidung auch über das Internet.[379] Das Internet ermöglicht durch seine flexible digitale Technologie dem Unternehmen *H&M*, seine Kernkompetenz, die in der schnellen Reaktion auf Modetrends durch häufigen Kollektionswechsel besteht, auf den Online-Handel zu übertragen.

H&M bietet bisher nur eine kleine Auswahl des stationär erhältlichen Produktportfolios im Online-Shop an. Beim Versand der bestellten Ware an den Kunden arbeitet *H&M* mit dem Zuliefer-Unternehmen *Hermes* zusammen, das den Endtransport übernimmt.[380]

Durch die Möglichkeit der Zahlung u.a. auf Rechnung gewinnt *H&M* auch Online-Kunden, die einer Zahlung per Vorkasse oder Kreditkarte im Internet gegenüber misstrauisch sind. Des Weiteren ist die angestrebte Zielgruppe von *H&M* sehr jung und daher meist erfahren im Umgang mit dem Internet. Diese jüngere Zielgruppe nutzt das Internet stärker und selbstverständlicher als andere Altersgruppen und hat daher meist weniger Vorbehalte gegen das *Online-Shopping*.

Der Service ist ein wichtiger Aspekt des neuen Online-Kanals von *H&M*. Bei einer Platzierung von Ware in den *Online-Warenkorb* wird dem Kunden zeitgleich angezeigt, ob der Artikel lieferbar ist und wie lange der Versand ca. benötigt. Dies bedeutet eine hohe Transparenz für den Kunden beim Bestellvorgang und verhindert Frustrationen beim Kunden, da dieser sich so genau ausrechnen kann, wann die Ware ihn erreicht. Des Weiteren gibt es für ungeklärte Kundenfragen eine *FAQ*-Rubrik[381] online sowie eine telefonische *Kunden-Hotline*. Zudem kann der Kunde bei Nichtgefallen oder anderen Mängeln die Ware in jeder Filiale des Unternehmens umtauschen.

Das Unternehmen führt eine *integrative* Multi-Channel-Strategie. Diese äußert sich vor allem in der Kommunikationspolitik wie auch in der Preispolitik: die Webseite verwendet das bekannte Unternehmenslogo sowie andere Details der *Corporate Identity*[382]. Des Weiteren entsprechen die Preise im Online-Shop (abgesehen von reduzierten Artikeln) denen im Laden. Der Kunde erhält so ein stimmiges Bild von den Produkten des Un-

---

379 In den ersten Wochen sind mehr Bestellungen im Online-Shop von *H&M* eingegangen als bearbeitet werden konnten, vgl. TW Network (2007).

380 Die folgenden Ausführungen über den Online-Shop von *H&M* beziehen sich auf eigene Beobachtungen des Autors dieser Studie.

381 *FAQ* steht für *‚Frequently Asked Questions'* und beantwortet häufig auftretende Kundenfragen.

382 Zu einer Abbildung des Online-Shops von *H&M* siehe Anhang 4 auf S. 84 dieser Studie.

ternehmens. Zudem erleichtert dies dem Kunden, seine Erfahrungswerte mit den stationären Filialen des Unternehmens auf den Online-Shop zu übertragen. Trotz gleicher Preise hat jeder Kanal seinen spezifischen Reiz (z.B. Online: bequem von Zuhause aus Produkte angucken oder bestellen; Filiale: Ware fühlen und anprobieren können, Servicepersonal für Fragen). Zusätzlich kann der Kunde online exklusiv schon einen Blick auf die kommenden Kollektionen von *H&M* werfen.

In der Werbung des Unternehmens ist eine integrative Strategie bisher nur ansatzweise zu beobachten. *H&M* wirbt kaum crossmedial, z.B. finden die deutschlandweit eingesetzten, großflächigen Anzeigenkampagnen ohne Hinweis auf den Online-Shop statt.[383] Auch in den TV-Spots wird der eigene Online-Shop nicht erwähnt. Der Grund für die *mangelhafte Cross-Promotion* kann nur spekuliert werden. Sehr wahrscheinlich ist, dass *H&M* den neuen Kanal erstmal in einer Testphase laufen lassen möchte und ein zu hoher Ansturm auf den Online-Shop in den ersten Monaten einen Systemabsturz oder ähnliches zur Folge haben könnte. Ein anderer Grund könnte die Angst vor einer Kannibalisierung der Kanäle sein. Diese Angst wäre jedoch, wie schon an anderer Stelle beschrieben,[384] unbegründet.

H&M hat Ende Januar 2008 zusätzlich einen Katalog herausgebracht und sich so vom *Brick&Click-Unternehmen* zum *‚klassischen' Multi-Channel-Anbieter* gewandelt.[385] Bei dem neu eingeführten Katalog handelt es sich aber lediglich um ein neues Kontaktmedium, nicht um eine komplett *neue Handelsform* für das Unternehmen, wie es bei der Integration des Online-Kanals der Fall war. Der Grund für *H&M*, einen Katalog herauszubringen könnte sein, dass das Unternehmen auch Konsumenten erreichen möchte, die zwar gerne von Zuhause bestellen, jedoch im Umgang mit dem Internet nicht geübt sind oder das Internet aus anderen Gründen nicht für ihren Einkauf nutzen. Zudem kann *H&M* durch den Katalog weitere Konsumenten erreichen und so seine nationale Marktabdeckung weiter optimieren.

Obwohl ein gedruckter Katalog für große Unternehmen wie *H&M* eine Ergänzung darstellen mag, sind für die meisten KMU im BEH die Herstell- und Verbreitungskosten eines Kataloges im Vergleich zu seinem Nutzen

---

383 Auf den Print-Anzeigen und Plakaten des Unternehmens wird der Online-Shop bisher nicht erwähnt.

384 Siehe Punkt 6.5.2 auf S. 66 dieser Studie.

385 Ein ‚klassischer' Multi-Channel-Anbieter verfügt über die Kanäle ‚stationäres Geschäft', ‚Online-Shop' sowie einen gedruckten ‚Katalog', vgl. Punkt 4.1 auf S. 27 dieser Studie.

zu hoch und daher oft ein Ausschlusskriterium.[386] Insofern erscheint für viele KMU im BEH ein Brick&Click-Geschäftsmodell als geeignetere Zukunftsstrategie.

[386] Zu den Eigenschaften eines Katalogs siehe Punkt 3.1.3 auf S. 20 dieser Studie.

7 Schlussbetrachtung

7.1 Zusammenfassung der Ergebnisse

In der vorliegenden Studie wurden die Chancen und Risiken des Brick&Click-Marketing für den stationären Bekleidungseinzelhandel untersucht. Ziel dabei war es, einen Überblick über das Geschäftsmodell *'Brick&Click'* zu geben und dessen Chancen und Risiken im stationären Bekleidungseinzelhandel zu analysieren.

Dabei wurden zunächst Grundlagen der Distributionspolitik behandelt und Fachbegriffe sowie die verschiedenen Handelsformen erläutert. Anschließend wurden die *Entwicklungen in der Internet-Technologie* sowie die damit eng verbundenen *Veränderungen im Konsumentenverhalten* als zentrale Herausforderungen für das Einzelhandelsmanagement identifiziert. Dabei ist zunächst auf die stetig zunehmende Verbreitung und Nutzung des Internets bei Konsumenten und Handelsunternehmen eingegangen worden. Des Weiteren wurde herausgefunden, dass viele Konsumenten heutzutage zunehmend Wert auf Convenience beim Einkauf legen und zudem oft mehrere Informations- und Absatzkanäle für ihren Einkauf wählen. Besonders das Internet wird immer häufiger als *bequeme Informationsquelle und Einkaufsstätte* genutzt.

In *Kapitel 4* wurde gezeigt, dass den Händlern mit Multi-Channel-Marketing eine Differenzierungsstrategie zur Verfügung steht, die den veränderten Rahmenbedingungen Rechnung trägt und aus der zudem eine *höhere Kundenbindung* resultieren kann. Hierbei wurde festgestellt, dass eine Verbindung mehrer Kanäle eines Unternehmens, vor allem aber die *Kombination von Offline- und Online-Kanälen* dem heutigen Konsumentenverhalten entgegenkommt. Je nach Einkaufsanlass oder Einkaufssituation kann sich der Konsument dabei für den jeweils ihm passenden Kanal entscheiden. Entgegen einer Niedrigpreis-Strategie erzeugt ein Multi-Channel-Marketing daher mit seiner Kombination von Absatzkanälen einen *Mehrwert für den Konsumenten*, gleichzeitig aber auch *zusätzliche Potentiale* für das Unternehmen selber.

Eine Erscheinungsform des Multi-Channel-Marketing ist die Kombination von stationärem Handel und Online-Handel, die in *Kapitel 5* als sog. *Brick&Click-Marketing* vorgestellt und erläutert wurde. Dabei wurde festgestellt, dass aus Unternehmenssicht zwischen den zwei Kanälen sowohl positive als auch negative Wechselwirkungen entstehen können. Der Wert eines zusätzlichen Online-Absatzkanals beschränkt sich demnach nicht nur auf den zusätzlich erzielten Umsatz. Vielmehr können sich auch die *Wechselwirkungen mit dem stationären Kanal* auf das Unternehmensergebnis auswirken. Das dabei entstehende, zusätzliche Potential wird jedoch im Einzelhandel bisher kaum genutzt.

Der *etablierte stationäre Handel* hat durch sein Vertrauenskapital und seine vorhandenen Strukturen auch im Internet einen Vorteil gegenüber anderen Unternehmen, die nicht auf stationäre Ressourcen wie z.B. eine etablierte Marke zurückgreifen können. Starke stationäre Marken haben daher auch im Internet einen Wettbewerbsvorteil, da Konsumenten auch hier meist nach ihnen bekannten Marken und Unternehmen suchen. Das *Vertrauenskapital* sowie die *stationäre Präsenz einer bekannten Marke* reduzieren zudem das subjektive Kaufrisiko beim Konsumenten und erleichtern so einen eventuellen Kauf im Internet.

Schließlich wurden die Chancen und Risiken eines Brick&Click-Marketing anhand des *deutschen Bekleidungseinzelhandels* analysiert. Hierbei wurde die aktuelle Situation im Bekleidungseinzelhandel untersucht und die Nutzung des Internets im selbigen betrachtet. Dabei wurde herausgefunden, dass *E-Commerce* im deutschen Bekleidungseinzelhandel bisher nur wenig angewendet wird, obwohl das Potential des Online-Handels mit Bekleidung durchaus groß ist. Danach wurde die bisherige Verbreitung des Brick&Click-Geschäftsmodells im Bekleidungseinzelhandel untersucht und gezeigt, dass eine Ermittlung des Anteils an Brick&Click-Unternehmen in der Modebranche aufgrund bisher fehlender Studien nicht möglich ist. Es wurden daher im Weiteren explorativ einige Beispiele für Brick&Unternehmen im deutschen Bekleidungseinzelhandel aufgeführt.

Anschließend wurden die *Chancen und Risiken von Brick&Click-Marketing* speziell für den stationären Mode-Einzelhandel analysiert und erläutert. Gerade im rückläufigen und hart umkämpften Bekleidungseinzelhandel wird eine *langfristige Kundenbindung* zunehmend wichtiger. Vor allem ein Zusatznutzen für die Konsumenten in Form mehrerer Kontaktkanäle mit besonderem Service kann hier eine erhöhte Kundenbindung bewirken. Dabei liegen die Chancen für den stationären Bekleidungshandel bei Anwendung eines Brick&Click-Modells vor allem in einem *erweiterten Markt*, einer *besseren, direkten Kommunikation* mit dem Kunden sowie in der *Erlangung von wertvollen Kundendaten zur Optimierung der Kundenbindung*. Risiken für einen kombinierten Off- und Online-Vertrieb bestehen im BEH vor allem in einer *nicht Internet-affinen Zielgruppe* sowie in einer *erhöhten Rücksendequote* von online gekaufter Bekleidung. Ein *hohes Kannibalisierungsrisiko* der Kanäle beim Produkt Bekleidung konnte jedoch entgegen vieler Befürchtungen im Einzelhandel nicht festgestellt werden.

Weiter wurde festgestellt, dass KMU sich auf *Nischen* spezialisieren und als *Eigenmarke* positionieren sollten, während große, vertikal aufgestellte Unternehmen mit einer Fokussierung auf ihre Marke den *Massenmarkt* durch einen integrierten Online-Absatzkanal noch besser bedienen und so weitere Marktanteile gewinnen können.

Als Beispiel für eine erfolgreiche Integration des Online-Handels in ein stationäres Filialsystem wurde zum Abschluss das Bekleidungsunternehmen *H&M* aufgeführt, welches, aus dem stationären Handel kommend, im Herbst 2007 auch einen Online-Shop eröffnet und sich so als *Brick&Click-Unternehmen* aufgestellt hat. Das Unternehmen reagiert damit auf das veränderte Kaufverhalten der Konsumenten und setzt die neue, digitale Technologie ein, um direkt mit dem Kunden in Kontakt zu treten und so eine höhere Kundenbindung zu erreichen. Zusätzlich erobert *H&M* mit dem Eintritt in den Online-Handel einen neuen Markt, der optimistische Wachstumszahlen aufweist.

7.2 Fazit und Ausblick

> *„Viele Unternehmen der Old Economy werden das „@" (d.h. den Online-Handel, d. Verf.) zukünftig benötigen, um den Servicegedanken und der Kundenorientierung des Wettbewerbs standhalten zu können und sich damit einen strategischen Wettbewerbsvorteil durch einen zusätzlichen Vertriebskanal und Zusatzangebote zu sichern."*[387]

Das Internet entwickelt sich neben einer digitalen Parallelwelt auch zu einem Parallelmarkt. Immer häufiger wird Bekleidung auch online gekauft, daher folgen zunehmend mehr Bekleidungshändler dem modernen Medien-Nutzungsverhalten der Kunden und suchen den Weg ins Netz. Die *integrierte Kombination von stationärem Handel und Online-Handel* stellt hier ein mögliches Instrument zur langfristigen Kundenbindung dar. Der stationäre Bekleidungshandel wird aller Voraussicht nach nicht vom Online-Handel verdrängt werden.[388] Eher wird der Handel übers Internet in Zukunft ein *Komplementär-Angebot* darstellen.[389] Die Nutzer des Internets sehen das Internet als Abbild der realen Welt und erwarten insofern auch hier die Präsenz der ihnen bekannten Marken. Erfüllt ein Unternehmen diese Erwartung nicht, können womöglich ein bleibender Imageschaden und verloren gegangene Umsätze die Folge sein. Unternehmen, die auf *ausgereifte Geschäftsprozesse aus dem stationären Geschäft* zu-

---

387 Engberding/Wastl (2003), S. 151.

388 Vgl. Hurth (2001), S. 469; Steinfield (2004), S. 101.

389 Vgl. Henschel (2005), S. 143.

rückgreifen können, haben dabei im Online-Geschäft einen entscheidenden Vorteil.[390]

Etablierte stationäre Einzelhändler sollten daher das Internet und insbesondere den wachsenden Online-Handel nicht nur als exogenes Ereignis passiv beobachten, sondern aktiv gestalten, um Kunden auch in Zukunft an ihr Unternehmen binden zu können.[391]

> *„Erfolgreich sein mit dem logistischen Qualitäten der Old Economy und den technologischen Optionen der New Economy – das ist das Rezept."*[392]

Das *‚Young-Fashion'-Segment* stellt in der Modebranche durch seine hohe Internet-Affinität das wohl lohnenswerteste Marktsegment für ein Brick&Click-Geschäftsmodell dar. Zudem scheint ein Brick&Click-Marketing aufgrund des höheren Potentials bei *national bekannten Marken* sinnvoll vor allem für große vertikale Unternehmen aus dem BEH. Jedoch können auch kleinere etablierte stationäre Bekleidungseinzelhändler durch eine moderne Brick&Click-Strategie ihre relevanten Offline- und Online-Kanäle effizient integrieren und so ihre Wettbewerbsfähigkeit stärken. Die Umsetzung einer Multi-Channel-Strategie in Form eines *Brick&Click-Marketing* wird dabei zunehmend auch zum Flexibilitätsmerkmal eines modernen Handelsunternehmens.

Vor dem Hintergrund der wachsenden Bedeutung von Multi-Channel-Marketing im Einzelhandel erscheint eine differenziertere wissenschaftliche Betrachtung der einzelnen Erscheinungsformen des MCM (*Brick&Click* sowie andere Absatzkanal-Kombinationen) notwendig und sinnvoll. Dabei könnten *weitere branchenspezifische Studien* sowie *empirische Studien zur quantitativen Verbreitung der einzelnen Absatzkanal-Kombinationen* zu einer Vertiefung und Spezifizierung des Forschungsgebietes führen. In der zukünftigen Forschung wäre zudem eine Berücksichtigung der neuen mobilen Absatzkanäle (*M-Commerce*[393]) wünschenswert.

---

[390] Vgl. Theis (2006), S. 23.

[391] Vgl. Ahlert (2001), S. 24.

[392] Theis (2006), S. 28.

[393] *M-Commerce* (*Mobile Commerce*) bezeichnet den Handel über mobile Endgeräte (z.B. Mobiltelefon).

Anhang

Anhang 1: Textil- und Bekleidungsumsatz nach Branchen und Vertriebsformen in den Jahren 2004-2006

Stationärer Einzelhandel mit	2004		2005		2006 [x]	
überwiegend	Mio. €	%	Mio. €	%	Mio. €	%
Bekleidung o.a.S.	20.290	36,6	20.800	38,0	21.500	38,9
Herrenbekleidung	1.445	2,6	1.430	2,6	1.450	2,6
Damenbekleidung	4.535	8,2	4.300	7,9	4.280	7,8
Kinderbekleidung	315	0,6	300	0,5	290	0,5
Pelzwaren	125	0,2	110	0,2	100	0,2
Bekleidungseinzelhandel	**26.710**	**48,2**	**26.940**	**49,2**	**27.620**	**50,0**
Aussteuer, Bettwaren	940	1,7	1.000	1,8	1.000	1,8
Teppichwaren, Gardinen	1.750	3,2	1.560	2,9	1.500	2,7
Meterwaren, Handarbeiten, Kurzwaren	500	0,9	510	0,9	510	0,9
sonstiger Textileinzelhandel	**3.190**	**5,8**	**3.070**	**5,6**	**3.010**	**5,4**
Textil-Fachhandel gesamt	**29.900**	**54,0**	**30.010**	**54,8**	**30.640**	**55,5**
Kauf- und Warenhäuser	7.200	13,0	6.800	12,4	6.700	12,1
Möbelgeschäfte	1.350	2,4	1.300	2,4	1.350	2,5
Sportgeschäfte	1.350	2,4	1.400	2,6	1.400	2,5
Versandhandel	7.900	14,3	7.500	13,7	7.400	13,4
andere/Lebensmittelhandel	7.300	13,2	7.300	13,4	7.350	13,3
ambulant/Markthandel	400	0,7	400	0,7	400	0,7
Nicht-Textilhandel gesamt	**25.500**	**46,0**	**24.700**	**45,2**	**24.600**	**44,5**
Insgesamt	**55.400**	**100,0**	**54.710**	**100,0**	**55.240**	**100,0**

Berechnungen des BTE aufgrund der Umsatzsteuerstatistik; ohne Privatumsätze von Großhandel, Industrie und Handelsvertreter, zu Endverbraucherpreisen
x) 2006 = vorläufige Angaben; o.a.S. ohne ausgeprägten Schwerpunkt

Quelle: Bundesverband des Deutschen Textileinzelhandels (BTE) e.V.(Hrsg.) (2007): BTE – Statistik - Report Textileinzelhandel 2007, Köln, S. 136.

Anhang 2: Die größten Textileinzelhändler in Deutschland 2006

Rang	Unternehmen	2006 Umsatz in Mill. Euro	2005 Umsatz in Mill. Euro	Veränd. in %	Bemerkung
1	Arcandor/KarstadtQuelle, Essen	4207	4424	-4,9	131 Filialen Karstadt-Warenhaus, Karstadt-Sport, Alsterhaus, KaDeWe, Wertheim und Hertie sowie 130 Fox-Märkte und weitere stationäre Einheiten der Versender. Umsätze im Distanzhandel per Katalog und Internet im Wesentlichen mit Quelle, Neckermann, Madeleine, Elegance, Walz, Mode&Preis und Hess Natur
2	Otto, Hamburg	3548*	3650*		Textilumsätze im Katalog- und Onlineversand im Wesentlichen mit Otto, Schwab, Heine, Witt Weiden, Baur, Sport Scheck, Frankonia, Discount24.de, Bon Prix und Frankonia. Stationär auch Castro, Witt, Bonprix, Sport Scheck, Frankonia, Heine, Witt und Baur. Wegen Minderheitsbeteiligung 2006 erstmals ohne Zara, daher Umsatz nicht vergleichbar
3	Metro, Düsseldorf	3074*	3245*		Umsatz nicht vergleichbar, neue Schätzgrundlage. 120 Metro C+C-Filialen, 286 Real SB-Warenhäuser, 85 per 1.11. übernommene SBW Wal-Mart, 259 Extra-Verbrauchermärkte, 127 Kaufhof-Häuser und 109 Adler-Filialen
4	C&A, Düsseldorf	2810	2700	4	400 C&A-Filialen
5	Hennes&Mauritz, Hamburg	2175	2120	2,6	303 Filialen
6	Peek&Cloppenburg, Düsseldorf	1496*	1453	3	88 Filialen inkl. Anson's
7	Tengelmann, Mülheim/R.	1274*	1244*	2,4	Textilumsätze mit 2897 Plus- und 2100 Kik-Filialen
8	Tchibo, Hamburg	1077*	1077*		Rund 1000 Filialen, E-Commerce und Katalogversand
9	Aldi-Gruppe, Essen/Mülheim/R.	1050*	1095*	-4,1	Aldi Nord mit rund 2400, Aldi Süd mit etwa 1800 Filialen
10	Lidl, Neckarsulm	1010*	1055*	-4,3	2800 Filialen
11	Takko, Telgte	790*	770*	2,6	850 Filialen
12	Klingel, Pforzheim	700	720*	-2,8	Versand per Katalog und Internet mit Klingel, Mona, Babista, Wellsana, Meyer Mode sowie 5 stationäre Einheiten
13	Esprit, Ratingen	650	490	32,7	117 Filialen sowie E-Commerce unter www.esprit.de
14	New Yorker, Braunschweig	582	513	13,5	278 Filialen
15	Ernsting's Family, Coesfeld	530*	460*	15,2	1240 Filialen
16	SinnLeffers, Hagen	500	563	-11,2	47 Filialen
17	Peek&Cloppenburg, Hamburg	480*	460*	4,3	27 Häuser. Neu eröffnet in Münster (9/06, 9000m²), Fläche verdoppelt im AEZ auf 6000m² (9/06), Filiale in HH-Harburg geschlossen (Sommer 06)
18	NKD, Bindlach	465	446	4,3	924 Filialen
19	Woolworth, Frankfurt	435	445	-2,2	325 Filialen
20	Breuninger, Stuttgart	423	389	8,7	13 Breuninger-Häuser sowie bis 12/06 Modehaus Heinemann, Düsseldorf
21	Bonita, Hamminkeln	363	330	10	668 Filialen Bonita und Nic
22	Wöhrl, Nürnberg	353	340	3,8	38 Filialen Wöhrl, Carnaby's, Völk, U1
23	Vögele, Sigmaringen	335	348	-3,7	325 Filialen
24	Bader, Pforzheim	316*	316*		Versand per Katalog und Internet sowie stationär Bader Direktverkauf und Maxis Preishalle, beide in Pforzheim
25	Hertie, Gladbeck	286*	365*		73 Warenhäuser. Umsatz nicht mit Vorjahr vergleichbar, neue Schätzgrundlage
26	Dänisches Bettenlager, Jarplund	280	270*	3,7	599 Filialen
27	Ikea, Hofheim	267*	254*	5,1	40 Ikea-Einrichtungshäuser
28	Zara, Hamburg	260*			53 Zara-Filialen, 6 Massimo Dutti-Filialen. In den Vorjahren unter Otto
29	AWG, Köngen	249	235	6	170 AWG-Filialen sowie Franchise-Stores Tom Tailor
30	Orsay, Willstätt	223*			245 Läden und E-Commerce unter orsay.de. Gehört zu Mulliez/Frankreich
31	Douglas, Hagen	221	224	-1,3	15 Filialen Appelrath-Cüpper, 11 Filialen Pohland.
32	QVC, Düsseldorf	200*	170*	17,6	Teleshopping, E-Commerce sowie Outlets in Hückelhoven, Neuss und Mülheim
33	Walbusch, Solingen	195	188	3,7	Katalogversand und E-Commerce unter Walbusch und Avena. 1 stationäre Einheit in Solingen
34	K&L Ruppert, Weilheim i.O.	190*	196*		55 Filialen. Umsatz nicht vergleichbar, neue Schätzgrundlage
35	Strauss Innovation, Langenfeld	186	187	-0,5	101 Filialen Strauss Innovation, 3 Filialen Strauss Home
36	Edeka, Hamburg	185*	198	-6,6	Textilumsätze mit 186 Marktkauf SB-Warenhäusern und Verbrauchermärkten sowie rund 1120 Netto-Discountmärkten
37	Ulla Popken, Rastede	171*	168*	1,8	164 Filialen sowie Katalog- und Internet-Versand
38	Rewe, Köln	168*	545*		Umsatz nicht vergleichbar, neue Schätzgrundlage. Textilumsätze mit 85 Toom SB-Warenhäusern, Penny-Discountmärkten sowie in sehr geringem Maße mit Toom-Baumärkten und Rewe-Verbrauchermärkten
39	Wehmeyer, Aachen	159	178	-10,7	44 Filialen
40	Collosseum, Berlin	151	169	-10,7	127 Läden der Vertriebslinien Forever18, Colloseum und Tack

Quelle: TextilWirtschaft (2007): Die größten Textileinzelhändler in Deutschland 2006. Online im Internet, URL: http://www.twnetwork.de/unternehmenundmaerkte/twranglisten/pdf/GroesstenTextil2006.pdf, Stand: 23.03.08.

Anhang 3: Potential eines zusätzlichen Online-Kanals

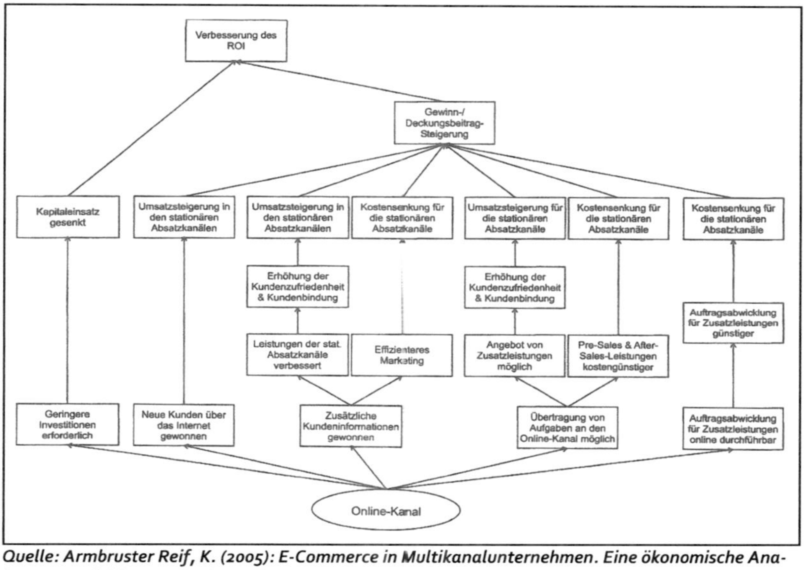

Quelle: Armbruster Reif, K. (2005): E-Commerce in Multikanalunternehmen. Eine ökonomische Analyse von Hybridstrategien im Business-to-Consumer-Bereich, Frankfurt am Main, S. 248.

Anhang 4: Screenshot (Bildschirmfoto) des Online-Shops von *H&M*

Quelle: Eigene Darstellung, Screenshot des Online-Shops von H&M, www.hm.com/shop

Literaturverzeichnis

AHLERT, D. (1996): Distributionspolitik. Das Management des Absatzkanals, 3. Aufl., Stuttgart.

AHLERT, D. (2001): Implikationen des E-Commerce für die Akteure in der Wertschöpfungskette, in: Ahlert et al: Internet & Co. im Handel. Strategien, Geschäftsmodelle, Erfahrungen, Berlin [u.a.], S. 3-27.

AHLERT, D. (2004): Das Multikanalphänomen – oder – Wo bitte geht's zum Kunden? In: Meffert, H.; Backhaus, K.; Becker, J. (Hrsg.): Multi-Channel-Marketing – Was bringen Mehrkanalstrategien? Dokumentationspapier Nr. 171, Dokumentation des Workshops vom 24.11.2003, Münster, S. 1-12.

AHLERT, D.; **BLUT**, M.; **MICHAELIS**, M. (2007): Erfolgsfaktoren des Multi-Channel-Marketings, in: Wirtz, B.W. (Hrsg.): Handbuch Multi-Channel-Marketing, 1. Aufl., Wiesbaden, S. 273-296.

ARBEITSGEMEINSCHAFT ONLINE FORSCHUNG (AGOF) e.V. (2007): internet facts 2007-III, Online im Internet, URL: http://www.agof.de/studie.353.html, Stand 14.03.2008.

ARMBRUSTER REIF, K. (2005): E-Commerce in Multikanalunternehmen. Eine ökonomische Analyse von Hybridstrategien im Business-to-Consumer-Bereich, Frankfurt am Main.

AXEL SPRINGER AG (2003): Bekleidung. Märkte – IV, Hamburg.

BACHEM, C. (2004): Multichannel-Marketing – eine Einführung, in: Merx, O.; Bachem, C. (Hrsg.): Multichannel-Marketing-Handbuch, Berlin, S. 29-64.

BARRENSTEIN, P. (1998): Kritische Erfolgsfaktoren in Handel und Industrie, in: Ahlert et al. (Hrsg.): Informationssysteme für das Handelsmanagement, Berlin, S. 109 -121.

BAUER, A.W. (2001): Online oder offline? Der Handel im Spannungsfeld zwischen Old und New Economy – Die Zukunft gehört dem Multi-Channel Retailer, in: Ahlert et al: Internet & Co. im Handel. Strategien, Geschäftsmodelle, Erfahrungen, Berlin [u.a.], S. 51-62.

BAUER, H.H.; **FALK**, T.; **REEDER**, B. (2007): Extrinsische und intrinsische Motive der Nutzung von Online-Shopping, in: Wirtz, B.W. (Hrsg.): Handbuch Multi-Channel-Marketing, 1. Aufl., Wiesbaden, S. 149-170.

BERG, A. (2007): Multi-Channel-Management bei T-Com, in: Wirtz, B.W. (Hrsg.): Handbuch Multi-Channel-Marketing, 1. Aufl., Wiesbaden, S. 691-715.

BILLEN, P.; **WEIBER**, R. (2007): Multi-Channel-Marketing – Die informationsökonomische Perspektive, in: Wirtz, B.W. (Hrsg.): Handbuch Multi-Channel-Marketing, 1. Aufl., Wiesbaden, S. 33-80.

BRUHN, M.; **AHLERS**, M. (2007): Customer Touch Points – Aufgaben und Vorgehensweise einer Multi-Channel Communication, in: Wirtz, B.W. (Hrsg.): Handbuch Multi-Channel-Marketing, 1. Aufl., Wiesbaden, S. 393-425.

BRUHN, M.; **HADWICH**, K.; **RUEFF**, J.P. (2007): Determinanten der Kundenbindung im Bekleidungshandel – Theoretische Konzeption und empirische Analyse eines Wirkungsmodells, in: Trommsdorff, V. (Hrsg.): Handelsforschung 2007, 21. Jg., S. 130-145.

BUNDESVERBAND DES DEUTSCHEN TEXTILEINZELHANDELS (BTE) E.V.(Hrsg.) (2003): E-Business im Textileinzelhandel. Möglichkeiten, Beispiele und Erfolgsfaktoren der Internetnutzung, BTE-Fachdokumentation, Köln.

BUNDESVERBAND DES DEUTSCHEN TEXTILEINZELHANDELS (BTE) E.V.(Hrsg.) (2007): BTE – Statistik - Report Textileinzelhandel 2007, Köln.

BUNDESVERBAND DES DEUTSCHEN VERSANDHANDELS (bvh) E.V. (Hrsg.) (2007a): Entwicklung des E-Commerce in Deutschland, Pressekonferenz vom 29.10.07, Düsseldorf, Online im Internet, URL: http://www.versandhandel.org/uploads/media/2007-10-29__Charts_E-Commerce_Deutschland_07.pdf, Stand 10.03.08.

BUNDESVERBAND DES DEUTSCHEN VERSANDHANDELS (bvh) E.V. (Hrsg.) (2007b): Versandhandel in Deutschland 2007, bvh-Jahrespressekonferenz vom 05.07.07, Frankfurt/Main, Online im Internet, URL: http://www.versandhandel.org/uploads/media/2007-07-05__Charts_bvh_Jahres_PK_01.pdf, Stand 10.03.08.

BUNDESVERBAND DES DEUTSCHEN VERSANDHANDELS (bvh) E.V. (Hrsg.) (2007c): Beliebter Versandhandel: Umsatz wächst auf 27,6 Mrd. Euro, Pressemitteilung vom 05.07.07, Online im Internet, URL:http://www.versandhandel.org/Pressemitteilung.96+M52077f25d53.0.html, Stand: 03.03.08.

BURGARD, M. (2006): Die Auswirkungen des Internets auf den Versandhandel in Deutschland, Berlin.

BURMANN, C.; **WENSKE,** V. (2007): Multi-Channel-Marketing und Markenmanagement, in: Wirtz, B.W. (Hrsg.): Handbuch Multi-Channel-Marketing, 1. Aufl., Wiesbaden, S. 195-219.

CORBAE, G.J.; **BALCHANDANI,** A. (2001): Consumer Direct Europe (CDE) –Erfolg durch Zusammenarbeit, in: Ahlert et al: Internet & Co. im Handel. Strategien, Geschäftsmodelle, Erfahrungen, Berlin [u.a.], S. 63-78.

DACH, C. (1999): Zukünftige Marktanteile des IHS und der traditionellen Betriebsformen des Einzelhandels, in: Müller-Hagedorn, L. (Hrsg.): Internet im Handel und in ausgewählten Dienstleistungsbereichen, Köln, Institut für Handelsforschung an der Universität zu Köln, S. 71-117.

DACH, C. (2002): Internet Shopping versus stationärer Handel. Zum Einkaufsstättenwahlverhalten von Online-Shoppern, Schriften zur Handelsforschung, Band 98, Stuttgart.

DOBELMANN, C.; **HAASE,** S. (2007): Fast Fashion: Kopieren geht über Studieren, Artikel auf stern.de vom 21.03.07, Online im Internet, URL: http://www.stern.de/lifestyle/mode/:Fast-Fashion-Kopieren-%FCber Studieren/584523.html, Stand: 10.02.08.

ENGBERDING, K.; **WASTL**, S. (2003): Brick + Brick = Click? Allianzen der Old Economy zur Erschließung des eBusiness, in: Ahlert et al (Hrsg.): Multikanalstrategien. Konzepte, Methoden, Erfahrungen. 1. Aufl., Wiesbaden, S. 133-154.

ESCH, F.-R.; **STRÖDTER**, K. (2007): Integrierte Markenkommunikation im Multi-Channel-Marketing, in: Wirtz, B.W. (Hrsg.): Handbuch Multi-Channel-Marketing, 1. Aufl., Wiesbaden, S. 427-450.

FAULSTICH, W. (Hrsg.) (2004): Grundwissen Medien. 5. Aufl., München.

FÖRSTER, A.; **KREUZ**, P. (2007): Marketing-Trends. Online im Internet, URL: http://www.mkt-trends.com/studie/multi-channel-management.htm,

Stand: 03.02.08.

FRAUNHOFER IAO (Institut Arbeitswirtschaft und Organisation) (Hrsg.) (2001): media vision special: fashion online. Die dritte Dimension des Online-Modeverkaufs, Stuttgart.

FÜLLEMANN, M. (2002): Erfolgreiche „Clicks-&-Mortar"-Strategien, in: Schögel/Tomczak/Belz (Hrsg.): Roadmap to E-Business. St. Gallen, S. 328-342.

GERTH, N. (1999): Online-Absatz: strategische Bedeutung, strukturelle Implikationen, Erfolgswirkungen; eine Analyse des Einsatzes von Online-Medien als Absatzkanal, Ettlingen.

GRISAR, A. (1994): Der Einsatz moderner Kommunikationstechnologien bei der Rationalisierung im Textileinzelhandel. Dissertation, Münster.

GÜTTLER, W. (2001): Die Adoption des E-Commerce im Einzelhandel – Ergebnisse einer kausalanalytischen Untersuchung. Dissertation, Bayreuth.

HANSEN, H.R.; **MADLBERGER**, M. (2007): Beziehungen zwischen dem Internet-Vertrieb und anderen Absatzwegen im Einzelhandel, in: Wirtz, B.W. (Hrsg.): Handbuch Multi-Channel-Marketing, 1. Aufl., Wiesbaden, S. 763-787.

HAUPTVERBAND DES DEUTSCHEN EINZELHANDELS (HDE) (2007): B2C-E-Commerce: HDE-Prognose 1999-2008, Online im Internet, URL: http://www.einzelhandel.de/servlet/PB/-s/1dv4gbz13q5lmhebcrnu18khqel73sm1j/show/1077369/ecommerce-prognose%202008%20hde.pdf, Stand: 22.03.08.

HENSCHEL, S. (2005): Handeln im virtuellen Raum E-Commerce – Strukturen, Konsumentenverhalten und ausgewählte Standortauswirkungen, in: Kulke, E. (Hrsg.): Dem Konsumenten auf der Spur. Neue Angebotsstrategien und Nachfragemuster, Passau, S. 125-144.

HERTEL, J.; **ZENTES**, J.; **SCHRAMM-KLEIN**, H. (2005): Supply-Chain-Management und Warenwirtschaftssysteme im Handel, Berlin.

HIPPNER, H.; **HOFFMANN**, O.; **WILDE**, K.D. (2007): Die Bedeutung von Data-Mining im Multi-Channel-Marketing, in: Wirtz, B.W. (Hrsg.): Handbuch Multi-Channel-Marketing, 1. Aufl., Wiesbaden, S. 579-600.

HUDETZ, K.; **DUSCHA**, A. (2006): Internet im Handel 2006. Status Quo und Entwicklungen, Studie des ECC Handel, Online im Internet, URL: http://www.ecc-handel.de/internet_im_handel_2006_-_status_quo_und_48760.php, Stand: 15.02.08

HUDETZ, K.; **HANS**, G.; **TANASKOVIC**, N. (2005): Nutzung des Internets im Handel – Status Quo und Entwicklungen, in: Hudetz, K. (Hrsg.): E-Commerce im Handel. Status Quo und Perspektiven, Gernsbach, S. 15-72.

HURTH, J. (2001): Multi-Channel-Marketing: Novum oder Phrase?, in: Wirtschaftswissenschaftliches Studium, Bd. 30, Nr. 9, S. 463-469.

IFO INSTITUT FÜR WIRTSCHAFTSFORSCHUNG (2007): VR info – Branchen special, Bericht Nr. 42 (September 2007): Einzelhandel mit Bekleidung. Herausgeber: Bundesverband der Deutschen Volksbanken und Raiffeisenbanken, Online im Internet, URL: http://www.volksbank-kiel.de/kvb/content/newsletter/branchenspecial_1.htm, Stand 08.02.08.

KOTLER, P.; **BLIEMEL**, F. (2006): Marketing-Management. Analyse, Planung und-Verwirklichung, München.

KPMG (2001): eCommerce in der Textilwirtschaft – Chancen und Herausforderungen,Studie Consumer Markets & Retail, Online im Internet, URL: http://www.kpmg.de/library/brochures_surveys/11359.htm, Stand: 12.02.08.

KPMG (2005): Der deutsche Textileinzelhandel aus Verbrauchersicht, Studie Consumer Markets & Retail, Online im Internet, URL: http://www.kpmg.de/library/brochures_surveys/11359.htm, Stand: 12.02.08.

KPMG (2006): Trends im Handel 2010, Studie Consumer Markets & Retail, Online im Internet, URL: http://www.kpmg.de/library/brochures_surveys/11359.htm, Stand: 12.02.08.

KRINGS, M. (2002): Multi-Channel-Retailing MCR – Zukunftsstrategie für den Einzelhandel, in: Stölzle, W.; Gareis, K. (Hrsg.): Integrative Management- und Logistikkonzepte, Wiesbaden, S. 411-426.

LEHR, G. (2002): Versandhandel und Direktmarketing, in: Dallmer, H. (Hrsg.): Das Handbuch Direct Marketing & More, 8. Aufl., Wiesbaden, S. 315-355.

LEMKE, M.; **SANDER**, M. (2007): Multi-Channel-Marketing zur Erschließung internationaler Märkte, in: Wirtz, B.W. (Hrsg.): Handbuch Multi-Channel-Marketing, 1. Aufl., Wiesbaden, S. 369-390.

LEWIS, D.; **BRIDGER**, D. (2001): Die neuen Konsumenten. Was sie kaufen. Warum sie kaufen. Wie man sie als Kunde gewinnt, Frankfurt/Main [u.a.].

LIEBMANN, H.-P.; **ZENTES**, J. (2001): Handelsmanagement. München.

LINGENFELDER, M.; **SCHULZE**, M. (2007): Die Relevanz von Einkaufsmotiven für den Mehrkanalvertrieb im Dienstleistungsmarketing, in: Wirtz, B.W. (Hrsg.): Handbuch Multi-Channel-Marketing, 1. Aufl., Wiesbaden, S. 735-761.

LINK, J.; **KRAMM**, F. (2007): Anforderungen an Informations- und Kommunikationssysteme im Multi-Channel-Marketing, in: Wirtz, B.W. (Hrsg.): Handbuch Multi-Channel-Marketing, 1. Aufl., Wiesbaden, S. 555-577.

MAIWALDT, J.-C. (2001): Strategische Herausforderung des Electronic Commerce für dezentrale Handelsunternehmungen, in: Ahlert et al: Internet und Co im Handel, S. 181-191.

MASCHKE, N.; **PFEIL**, C.; **POSSELT**, T. (2007): Entlohnung von Vertriebsagenten bei Einführung des Internets als Vertriebsweg, in: Wirtz, B.W. (Hrsg.): Handbuch Multi-Channel-Marketing, 1. Aufl., Wiesbaden, S. 515-531.

MEDIA CONSULTING GMBH (2001): e-trend Newsletter, Ausgabe 10: Multichannel Integration, Online im Internet, URL: http://www.e-trend.de/downloads/multichannel_integration.pdf, Stand: 20.03.08.

MEFFERT, H. (2005): Marketing. Grundlagen marktorientierter Unternehmensführung, 9. Aufl., Wiesbaden.

MÜLLER-HAGEDORN, L. (1998): Der Handel. Stuttgart.

MÜLLER-HAGEDORN, L. (2000): E-Commerce im Handel: Zentrale Problemfelder, in: Müller-Hagedorn, L. (Hrsg.): Zukunftsperspektiven des E-Commerce im Handel. Köln, S. 11-47.

MÜLLER-HAGEDORN, L. (2002): Handelsmarketing. 3. Aufl., Stuttgart [u.a.].

MÜLLER-HAGEDORN, L.; **WIERICH**, R. (2002): Der Nutzen des Internets für den stationären Einzelhandel, in: Gabriel, R.; Hoppe, U. (Hrsg.): Electronic Business, Heidelberg, S. 107-132.

MÜLLER-LANKENAU, C. (2007): Multikanalstrategien im stationären Einzelhandel. Eine empirische Untersuchung in der Konsumelektronikbranche, 1. Aufl., Köln.

O.V. (2001): Spezialisten auf dem Vormarsch, in: Textilwirtschaft, Nr. 38, S. 113-120.

O.V. (2007a): Einkauf und Produktion. Artikel auf der deutschen H&M-Website, Online im Internet, URL: http://www.hm.com/at/berhm/faktenberhm/vonderideebisinsgeschft/einkaufundproduktion__fromideatostorebuyingproduction.nhtml, Stand 14.03.08.

O.V. (2007b): Ziehen Sie mehr Kunden an! Ebay-Broschüre als PDF, Online im Internet, URL: http://pages.ebay.de/pdf/verkaeuferportal/ebay_kleidung.pdf, Stand: 16.02.08.

O.V. (2008a): Multi-Channel-Management: Schlagwort oder Lösungsansatz?, Online im Internet, URL: http://www.cmc-essen.de/konzept.html, Stand: 28.02.08.

O.V. (2008b): Hennes & Mauritz: Neue Märkte im Visier, Online im Internet, URL: http://www.fashionunited.de/News/Leads/Hennes_%26_Mauritz %3A_Neue_M %E4rkte_im_Visier_200801312465/, Stand: 21.03.08.

PORTER, M.E. (1999): Wettbewerbsstrategie (competitive strategy). Methoden zur Analyse von Branchen und Konkurrenten, 10. Aufl., Frankfurt/Main, New York.

RENTMEISTER, J; **KLEIN**, S. (2003): Geschäftsmodelle – ein Modebegriff auf der Waagschale, in: Albach, H. (Hrsg.): Die Zukunft des Electronic Business, Wiesbaden, S. 17-30.

RISCH, M. (2001) : Von "Bricks and mortar" zu "Bricks and Clicks" : Multichannel- Management als Schlüsselkompetenz auf dem Weg zur "One Economy", in: Der Betriebswirt. - Gernsbach. - 42. 2001, Nr. 3, S. 12-16.

SCHENK, H.-O. (2001): E-Commerce, Internet-Handel und Marktwirtschaft. Diskussionsbeitrag Nr. 279 des Fachbereiches Wirtschaftswissenschaften der Gerhard-Mercator-Universität Duisburg, Duisburg.

SCHNETKAMP, G. (2001): Aktuelle und zukünftige Erfolgsfaktoren des Electronic Shopping, in: Ahlert et al: Internet & Co. im Handel. Strategien, Geschäftsmodelle, Erfahrungen, Berlin [u.a.], S. 29-50.

SCHÖGEL, M. (2001): Multichannel Marketing. Erfolgreich in mehreren Vertriebswegen, Zürich.

SCHÖGEL, M.; **SAUER**, A.; **SCHMIDT**, I. (2002): Multi-Channel-Marketing, in: Thexis – Fachzeitschrift für Marketing, 19 (2002), Nr. 2, S. 34-38.

SCHÖGEL, M.; **SAUER**, A.; **SCHMIDT**, I. (2004): Multichannel-Management – Vielfalt in der Distribution, in: Merx, O.; Bachem, C. (Hrsg.): Multichannel-Marketing-Handbuch, Berlin, S. 1-27.

SCHRAMM-KLEIN, H. (2002): Multi-Channel-Retailing in der Textilbranche, in: Zentes (Hrsg.): Marketing- und Management-Transfer, Nr. 22, S. 25-31, Online im Internet, URL: http://www.hima.uni-saarland.de/material/TransferOktober2002.pdf, Stand: 21.02.08.

SCHRAMM-KLEIN, H. (2003a): Multi-Channel-Retailing. Verhaltenswissenschaftliche Analyse der Wirkung von Mehrkanalsystemen im Handel, Wiesbaden.

SCHRAMM-KLEIN, H. (2003b): Multi-Channel-Retailing: Zwölf Grundsätze zur Gestaltung von Multi-Channel-Retailing-Systemen, in: Science Factory (absatzwirtschaft online) 2003, Nr. 3, S. 10-14.

SCHRAMM-KLEIN, H. (2006): Multi-Channel-Retailing: Erscheinungsformen und Erfolgsfaktoren, in: Zentes, J. (Hrsg.): Handbuch Handel. 1. Aufl., Wiesbaden, S. 501-522.

SCHRÖDER, H. (2005): Multichannel-Retailing. Marketing in Mehrkanalsystemen des Einzelhandels, Berlin [u.a.].

SCHRÖDER, H.; **BOHLMANN**, A. (2007): Kaufrisiken und Risikoreduktionsmaßnahmen der Kunden von Multi-Channel-Retailern, in: Bernd W. Wirtz (Hrsg.): Handbuch Multi-Channel-Marketing, 1. Aufl., Wiesbaden, S. 103-123.

SCHRÖDER, H.; **SCHETTGEN**, G. (2002): Kundencontrolling im Bekleidungs- Einzelhandel – Eine empirische Analyse im stationären Einzelhandel und im Versandhandel, Arbeitspapier Nr. 11, Online im Internet, URL: http://www.marketing.wiwi.uni-due.de/uploads/tx_chairt3/publications/MH_Arbeitspapier11_Kundencontrolling.pdf, Stand: 12.02.08.

SCHRÖDER, H.; **ZAHARIA**, S. (2007): Informations- und Entscheidungsverhalten der Kunden von Multi-Channel-Retailern, in: Bernd W. Wirtz (Hrsg.): Handbuch Multi-Channel-Marketing, 1. Aufl., Wiesbaden, S. 81-101.

SCHWAIGER, M.; **NUMBERGER**, S. (2007): Die zukünftige Bedeutung des Multi-Channel-Retailings und seine Ursachen, in: Wirtz, B.W. (Hrsg.): Handbuch Multi-Channel-Marketing, 1. Aufl., Wiesbaden, S. 235-271.

SOLOMON, M.R.; **MARSHALL**, G.W.; **STUART**, E.W. (2006): Marketing – Real People, Real Choices, 4th Edition, Upper Saddle River, NJ.

STATISTISCHES BUNDESAMT (Hrsg.) (2007): 56 % der Internetnutzer sind täglich oder fast täglich online, Pressemitteilung Nr. 079 vom 27.02.07, Online im Internet, URL: http://www.destatis.de/jetspeed/portal/cms/Sites/destatis/Internet/DE/Presse/pm/2007/02/PD07__079__ikt,templateId=renderPrint.psml, Stand: 12.03.08.

STEINFIELD, C. (2004): Click and brick electronic commerce, in: Preissl; Bouwman; Steinfield (Hrsg.): E-life after the dotcom bust, Heidelberg [u.a.], S. 101-116.

SWOBODA, B.; JANZ, M. (2001): Multi Channel Retailing. Die Chancen des integrierten Mehrkanalvertriebs, Online im Internet, URL:http://www.getraenke-essmann.de/esspertise/pdf/49.pdf, Stand: 06.03.08.

SWOBODA, B; **JANZ**, M. (2002): Electronic Commerce im Handel – Anwendungen und Entwicklungsperspektiven, in: Schögel/Tomczak/Belz (Hrsg.): Roadmap to E-Business, St. Gallen, S. 302-326.

SZABO, K. (2002): The „brick and click economy": blurring the borders between the IT sector and traditional industries, in: Emergo, Band 9, 2, S. 64-77.

THEIS, H.-J. (2006): Handbuch Handels-Marketing. Band 2 - Erfolgreiche Strategien und Instrumente im E-Commerce, Frankfurt/Main.

TIETZ, B. (1993): Der Handelsbetrieb. Grundlagen der Unternehmenspolitik, 2. Aufl., München.

TM PRAXIS (2007): Sonderfall Mode – Online-Handel: "Nicht verrückt machen lassen", Interview mit Sebastian van Baal, Online im Internet, URL: http://www.ifhkoeln.de/download/17537101/fashiontrendmagazin_08_2007.pdf, Stand: 16.02.08.

TROMMSDORFF, Volker; **HERM**, Steffen (2006): 20 Jahre Suche nach Erfolgsfaktoren im Handel, in: Trommsdorff, V. (Hrsg.): Handelsforschung 2006, Jg. 20, S. 15–23.

TW NETWORK (2007): H&M – Online-Shop ist gut angelaufen, News vom 30.08.07, Online im Internet, URL:http://www.twnetwork.de/aktuell/archivfrei/pages/show.prl?params=&id=44474&currPage=&type=1, Stand: 13.02.08.

TW NETWORK (2008): Firmenprofile: Textileinzelhandel, H&M Hennes & Mauritz GmbH, Online im Internet, URL: http://www.twnetwork.de/unternehmenundmaerkte/firmenprofile/handel/pages/show.prl?id=46, Stand: 31.02.08.

VAN BAAL, S. (2006a): Informationsquellen der Online-Shopper bei der Vorbereitung von Käufen im Internet und im stationären Handel, in: Trommsdorff, V. (Hrsg.): Handelsforschung 2006, Jg. 20, S. 135-151.

VAN BAAL, S. (2006b): Wechselwirkungen im Multi-Channel-Vertrieb. Ausgewählte Ergebnisse der aktuellen Studie, Online im Internet, URL: http://www.ecc-handel.de/download/1574001/EC-Forum_10_Wechselwirkungen.pdf, Stand: 10.03.08.

VAN BAAL, S. (2007a): Harmonisierung oder Differenzierung im Multi-Channel- Retailing? Zur optimalen Gestaltung der absatzpolitischen Instrumente beim Vertrieb über mehrere Kanäle, in: Handel im Fokus, 59. Jg., Nr. 1., S. 29-39.

VAN BAAL, S. (2007b): Empirische Daten und Prognosen zum Textilhandel im Internet, Online im Internet, URL: http://www.ecc-handel.de/empirische_daten_und_prognosen_zum_textilhandel.php, Stand 12.02.08.

VAN BAAL, S.; **HEIDJANN**, J.; **SCHRADER**, C. (2005): Eine vergleichende Untersuchung der Preisbildung im Internet, in: Hudetz, K. (Hrsg.): E-Commerce im Handel. Status Quo und Perspektiven, Gernsbach, S. 215-258.

VAN BAAL, S.; **HINRICHS**, J.-W.; **STROBORN**, K. (2005): Zahlungssysteme für den Vertrieb über das Internet aus Sicht der Händler, in: Hudetz, K. (Hrsg.): E-Commerce im Handel. Status Quo und Perspektiven, Gernsbach, S. 259-289.

VAN BAAL, S.; **HUDETZ**, K. (2004): Multi-Channel-Effekte im Handel: Empirische Ergebnisse zu den Wechselwirkungen zwischen stationärem Geschäft und Internet, Kurzzusammenfassung der Studie vom Juli 2004, Online im Internet, URL: http://www.kompec.de/File.aspx?lang=1&oiid=8449&pid=564, Stand: 24.01.08.

VAN BAAL, S.; **HUDETZ**, K. (2005): Multi-Channel-Effekte: Wechselwirkungen zwischen stationärem Geschäft und Internet, in: Hudetz, K. (Hrsg.): E-Commerce im Handel. Status Quo und Perspektiven, Gernsbach, S. 135-180.

VON DER OELSNITZ, D. (2007): Kooperation und Koordination im Multi-Channel-Marketing, in: Wirtz, B.W. (Hrsg.): Handbuch Multi-Channel-Marketing, 1. Aufl., Wiesbaden, S. 323-351.

WARD, M.R. (2001): Will Online Shopping Compete more with Traditional Retailing or Catalog Shopping?, in: Netnomics: Economic Research and Electronic Networking, 3.Jg., H. 2, S. 103-117.

WEISENFELD, U. (2007): Chancen und Ris ken des Multi-Channel-Marketings ininnovativen Märkten, in: Wirtz, B.W. (Hrsg.): Handbuch Multi-Channel-Marketing, 1. Aufl., Wiesbaden, S. 353-367.

WILHELM, C.; **ZICH**, C. (2007): Erfolgreiches Multi-Channel-Marketing in der IT- Branche, in: Wirtz, B.W. (Hrsg.): Handbuch Multi-Channel-Marketing, 1. Aufl., Wiesbaden, S. 717-734.

WILKE, K.; **DUSCHA**, A.; **HUDETZ**, K. (2005): Kundenbindung über das Internet. In: Hudetz, K. (Hrsg.): E-Commerce im Handel. Status Quo und Perspektiven, Gernsbach, S. 101-133.

WIRTZ, B.W. (2002): Multi Channel-Management – Struktur und Gestaltung multipler Distribution, in: Wirtschaftswissenschaftliches Studium, 33. Jg., Nr. 5, S.676-682.

WIRTZ, B.W. (2005): Integriertes Direktmarketing: Grundlagen, Instrumente, Prozesse, Wiesbaden.

WIRTZ, B.W. (2007): Einführung zum Multi-Channel-Marketing, in: Wirtz, B.W. (Hrsg.): Handbuch Multi-Channel-Marketing, 1. Aufl., Wiesbaden, S. 3-8.

WIRTZ, B.W.; **LÜTJE**, S. (2007): Design des Multi-Channel-Systems, in: Wirtz, B.W. (Hrsg.): Handbuch Multi-Channel-Marketing, 1. Aufl., Wiesbaden, S. 173-194.

WIRTZ, B.W.; **SAMMERL**, N. (2006): Versandhandel – Erscheinungsformen und künftige Entwicklung, in: Zentes, J. (Hrsg.): Handbuch Handel, 1. Aufl., Wiesbaden, S. 424-440.

WÜBBENHORST, K. L. (2002): E-Konsument – Konsequenzen für Industrie und Handel durch „Brick and Click“, in: Stölzle, W.; Gareis, K. (Hrsg.): Integrative Management- und Logistikkonzepte, Wiesbaden, S. 151-167.

ZENTES, J. (1996): Grundbegriffe des Marketing, 4. Aufl., Stuttgart.

ZENTES, J.; **SCHRAMM-KLEIN**, H. (2007): Logistische Distributionspolitik in Multi-Channel-Systemen, in: Wirtz, B.W. (Hrsg.): Handbuch Multi-Channel-Marketing, 1. Aufl., Wiesbaden, S. 451-472.